今日から モノ知り シリーズ

トコトンやさしい

シーケンス制御の本

シーケンス制御は、自動洗濯機、エアコンなど私たちの身の回りにある家庭用電化製品をはじめ、交差点の信号機、自動販売機、エスカレータなどいろいろな装置や設備を制御するために使われている技術です。

熊谷英樹
戸川敏寿

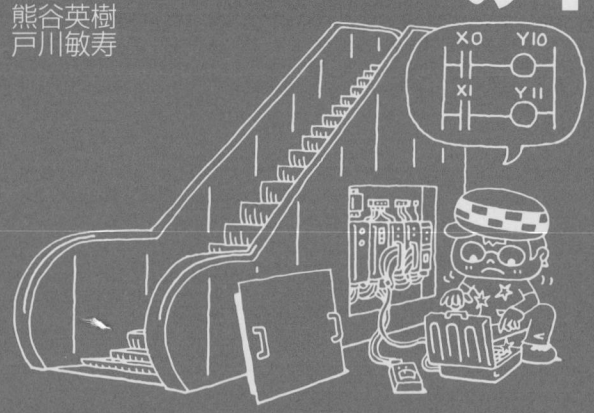

B&Tブックス
日刊工業新聞社

はじめに

本書はシーケンス制御がどういうものかを知りたい人や、シーケンス制御で何ができるのかを理解したい人にお勧めしたい一冊です。

はじめてシーケンス制御に興味を抱かれた方々が、共通に持たれる疑問に答えられるように、シーケンス制御のポイントを67の項目に分けて、一つひとつ丁寧に身近でやさしい図を使って解説しました。

本書の前半では、シーケンス制御の基本となる、リレーを使ったシーケンス制御の意味と考え方を、無理なく順を追ってしっかり身につけてもらえるように配慮しました。

後半では、シーケンス制御コントローラであるPLC（シーケンサ）を使った制御方法を中心に、PLCの動作のしくみやPLC制御に必要な機器構成、実践的なPLCと機械の接続方法、PLCに書き込むラダープログラム（ラダー図）の作り方といった知識を幅広く提供しています。さらに、PLCを使って実現できる高度な制御機能や通信、ネットワークの構成方法や構想設計についても、わかりやすく解説してありますので、PLCを使ったシステム構築や構想設計の手助けにもなると思います。

シーケンス制御は機械を思い通りに動かす技術ですから、シーケンス制御で動かすアクチュエータの特徴や、機械の位置や状態を監視するセンサの使い方を知ることは、必要不可欠であることは言うまでもありません。

そこで、67項目の中では、リレーの使い方やシーケンス回路の作り方ばかりでなく、より実践的に、シーケンス制御でモータやシリンダを動かす具体的な方法や配線の仕方、人が操作するスイッチや、機械の位置を検出するリミットスイッチ、対象物を測定するセンサの効果や使い方などといった、機械の制御をするために必要な周辺の機器を理解することにも力を入れてあります。

そして現場で行われている実際のシーケンス制御の使い方にできるだけ近づけるために、具体的でわかりやすい機械装置の制御例を豊富に使っていることも本書の特徴です。生産現場に実際に見受けられるような機械装置を制御する場面を想定して、より実践的なシーケンス制御の考え方を解説しています。

この本を読めば、シーケンス制御の基本であるリレー制御から、機械装置の構成、さらにPLCを使った制御方法まで一通りの知識が身について、シーケンス制御という言葉を聞いたときに、こういうものだというイメージを持つことができるようになっていただけると思います。本書が十分に活用され、読者の皆さんのお役に立てていただければ幸いです。

おわりに、本書執筆の機会を与えていただいた日刊工業新聞社出版局長の奥村功氏、また企画の段階から貴重なアドバイスをいただいたエム編集事務所の飯嶋光雄氏に心から感謝申し上げます。

2012年7月

著者代表　熊谷英樹

トコトンやさしい **シーケンス制御の本** 目次

第1章 身近にあるシーケンス制御

目次 CONTENTS

1 シーケンス制御って何?「シーケンス制御はリレーを使った制御方法」…10
2 シーケンス制御の目的「シーケンス制御は動作を順番に実行していく制御」…12
3 シーケンス制御の3つの制御パターン「機械を思い通りに順序よく動かすには」…14
4 自動洗濯機のシーケンス制御を見てみよう「シーケンス制御を自動洗濯機で学ぶ」…16
5 缶飲料の自動販売機のシーケンス制御を見てみよう「自動販売機のシーケンス制御」…18
6 自動券売機の構造を考えてみよう「タッチパネル式切符の自動券売機」…20
7 操作スイッチとシーケンス制御「スイッチ操作で機械を動かす」…22
8 押しボタンスイッチの種類「用途によって押しボタンスイッチを選択する」…24
9 スイッチのしくみ「スイッチのa接点、b接点、c接点」…26
10 スイッチの直列接続と並列接続「スイッチのつなぎ方の基本」…28
11 押しボタンスイッチの配線「押しボタンスイッチの配線はどうするか」…30
12 機械の動作で操作するスイッチ「リミットスイッチで機械の位置を検出する」…32

第2章 リレーの使い方を学ぶ

- 13 電磁リレーの構造「電気の力で切替えを行う電磁リレー」……36
- 14 リレーの簡単な使い方「小さなスイッチで大きな電気の入り切りをする」……38
- 15 リレーの簡単なイメージとJIS記号「リレーを回路図に記述する」……40
- 16 回路図のリレーは名前で管理される「リレーコイルが動作すると同じ名前の接点が切り替わる」……42
- 17 リレーの配線方法「リレーの外観と実際の配線」……44
- 18 リレー回路と配線作業「リレー回路図を使った実際の配線のしかた」……46
- 19 リレーで機器の制御はなぜできる「リレーの重要な3機能」……48
- 20 リレーの機能①(接点信号の置換え機能)「接点の置換え機能のメリット」……50
- 21 リレーの機能②(論理演算機能)「AND・OR・NOTの論理回路が簡単に作れる」……52
- 22 リレーの機能③(自己保持回路による記憶機能)「自己保持機能で信号の変化を記憶」……54
- 23 自己保持回路の開始条件と解除条件「リレーを自己保持するための開始条件と解除条件」……56
- 24 タイマリレーの使い方「動作時間が設定できるタイマリレー」……58
- 25 自己保持回路を使ったシーケンス制御「自己保持回路を使ったベルトコンベアの制御」……60
- 26 記憶回路がないとできないシーケンス制御「シーケンス制御には記憶回路が必要」……62

第3章 PLCのしくみと使い方

- 27 PLCって何?「リレーを使った論理回路がプログラムでつくれる装置」……66
- 28 なぜPLCが機械装置の制御に使われるのか「自動化装置のほとんどがPLCで制御されている」……68
- 29 リレー制御とPLC制御の違い「リレーより省配線のPLC」……70

第4章 シーケンス制御に使うアクチュエータの制御方法

- 30 いろいろなPLC「いろいろなタイプのPLCと特徴」……72
- 31 PLCのプログラミングには何が必要か「PLCプログラミングにはプログラムのツールが必要」……74
- 32 プログラム開発ソフトウェアの機能「プログラム開発ソフトを使ったPLCの設定と制御」……76
- 33 ラダー図に使うリレー「プログラムはラダー図で記述する」……78
- 34 ラダー図の書き方とニーモニックコード「ラダー図をニーモニックコードへ変換する」……80
- 35 入力リレーと出力リレーとは「入力リレーと出力リレーの動作と使い方」……82
- 36 PLCのプログラムと入出力ユニットの動作「ラダープログラム次第で制御動作を変更できる」……84
- 37 PLCはマイコンで動いている「PLCのCPUユニットにはマイコンが内蔵されている」……86
- 38 ニーモニックコードとPLC内部の演算「PLCはニーモニックコードをどう実行するか」……88

- 39 ソレノイドの動き方「電気エネルギーを直接機械運動に変換」……92
- 40 ソレノイドの配線と制御「ソレノイドの制御の仕方」……94
- 41 空気圧シリンダの動き方「空気圧シリンダのしくみ」……96
- 42 空気圧シリンダを動かすソレノイドバルブ「ソレノイドバルブで空気圧シリンダを制御」……98
- 43 空気圧シリンダのリードスイッチ「リードスイッチで空気圧シリンダを制御」……100
- 44 モータの駆動回路「PLCを使ってモータのオンオフを行う回路」……102
- 45 モータのインターロック制御「モータの正逆転同時起動やオーバーランの防止」……104

第5章 センサ入力を使ったシーケンス制御

46 センサって何？「物理量を検出し電気信号に変換して制御に使う」……108
47 接触センサの判別「センサを動かしてワークの有無を検出」……110
48 光電センサの使い方「ワークに触れずに有無検出」……112
49 オンオフ信号を出す近接センサ「ワークが近づくと感知する近接センサ」……114
50 計測型センサ「サーミスタ、熱電対など多岐にわたる」……116

第6章 PLCのデータ処理と高機能ユニット

51 データメモリーの使い方「PLCは数値データを格納するメモリーをもつ」……120
52 数値データ演算の応用例「PLCはマイコンのようなプログラミングも書ける」……122
53 高機能ユニットとは「PLCの機能を拡張する増設ユニット」……124
54 A／D・D／A制御をするアナログ入出力ユニット「アナログ信号の入出力を行う高機能ユニット」……126
55 モータの数値制御をする位置決めユニット「位置の数値制御を行う」……128
56 PLCのネットワーク機能「PLCのネットワーク構成用ユニット」……130
57 タッチパネルとPLC「PLCと通信して画面を直接指でタッチ操作する」……132
58 タッチパネルを使ったデータの表示と入力「部品を画面に張り付けて操作パネルを作成」……134

第7章 シーケンス制御の実際例

- 59 ソレノイドを使ったワークの自動供給装置「ソレノイドを応用したワークの自動供給装置」……………138
- 60 空気圧シリンダの往復制御「ソレノイドバルブをPLCに接続してシリンダを制御」……………140
- 61 モータを使った送りねじの往復制御「送りねじの往復制御をするラダープログラム」……………142
- 62 ベルトコンベア上のワーク自動排出装置「ベルトコンベア上のワークをセンサで検出し自動排出」……………144
- 63 近接センサを使った検査装置「近接センサで液体の充填を検査」……………146
- 64 ピック&プレイスの制御①「空気圧式のピック&プレイスユニットの動作」……………148
- 65 ピック&プレイスの制御②「ピック&プレイスユニットの動作」……………150
- 66 AD変換ユニットによる圧力管理制御「AD変換ユニットで圧力変化を管理する」……………152
- 67 サーボモータによる直動送りねじ位置決め制御「位置決めユニットを使っての位置決め制御」……………154

【コラム】
- ●スイッチのJIS記号……………34
- ●人も記憶を使ったシーケンス制御で動いている……………64
- ●PLCの制御方式……………90
- ●空気圧シリンダの速度制御……………106
- ●PLCによるロボットの制御……………118
- ●パソコンとの通信……………136

参考文献……………157
索引……………158

第1章
身近にあるシーケンス制御

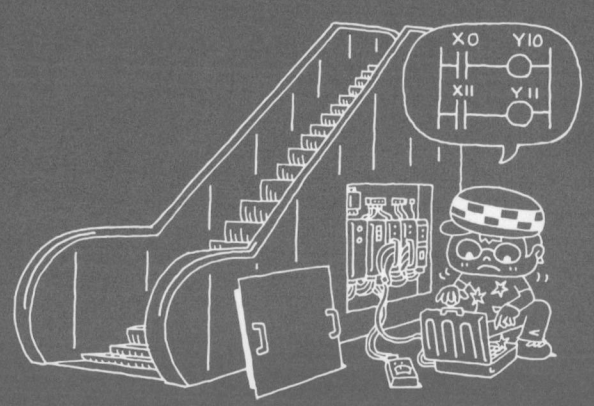

● 第1章　身近にあるシーケンス制御

1 シーケンス制御って何?

シーケンス制御はリレーを使った制御方法

シーケンス制御とは、JIS（日本工業規格）による と「あらかじめ定められた順序または手続きに従って 制御の各段階を逐次進めていく制御」と定義されてい ます。身近なものでいうと、私たちの身の回りにある家庭用電気器具をは じめ、交差点の信号機、自動ドア、自動販売機、ビ ルのエレベータや工場の自動生産設備にいたるまでい ろいろな装置や設備を制御するために使われている技 術です。

シーケンス制御は、手で操作するスイッチやリレー のような電気機器のスイッチの機能を使って制御回路 をつくるものです。私たちが普段使っている、電気を つけたり消したりするスイッチの回路もシーケンス制 御の1つです。スイッチの構造や動作は単純で複雑で はありませんが、それを組み合わせると、いろいろな 面白い制御ができるようになります。

家庭の電灯の制御と工場の機械の制御が同じシー ケンス制御だと言われてもすぐにはピンとこないかも しれません。シーケンス制御はスイッチのオンオフで動 作する機器を制御する技術です。ですから、工場の 機械がスイッチのオンオフで動くモータや空気圧を使 った機器などでできているとすると同じオンオフの信 号を制御する技術が使われることになるのです。

もちろん工場の機械は、家庭の電灯のようにスイッ チを押したら動作するという単純なものばかりではあ りません。そこでシーケンス制御で複雑な機械を制 御するために、リレーという制御機器が使われます。 リレーの構造はスイッチと似ていますが、スイッチを誰 が切り替えるのかが異なっています。すなわち、スイ ッチは人が指で操作しますが、リレーは電気の力でス イッチの操作を行います。リレーを使うことで非常に 高度な制御が実現できるようになるので、シーケンス 制御はリレーを使った制御方法と考えられることもあ ります。

要点BOX
- ●シーケンス制御は身近な機器に使われている
- ●スイッチのオンオフで機器を制御する
- ●シーケンス制御にはリレーが使われる

エレベータのシーケンス制御

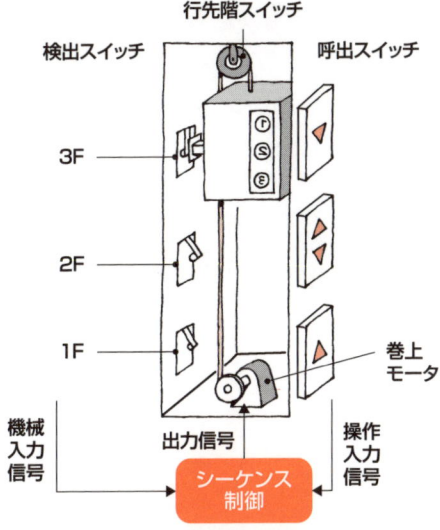

自動機のシーケンス制御

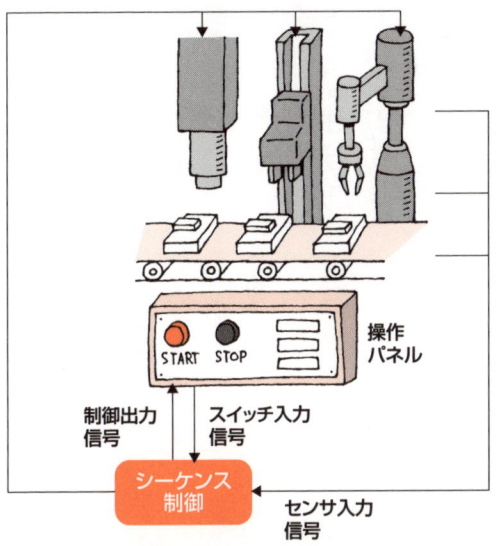

●第1章　身近にあるシーケンス制御

2 シーケンス制御の目的

身の回りにある家電製品は、私たちが順序良く操作ボタンを押して使いこなしています。これは私たち自身が機械の状態を確認しながらシーケンス制御を実行しているのです。普段は何気なくテレビのスイッチを入れてチャンネルを回して好みの番組を見ていますが、これも私たち自身が目や記憶を使ってテレビを見るためのシーケンス制御を頭の中で組立てて操作しているのです。

たとえば、1CHのテレビ番組を見るために必要なシーケンス制御の順序には、①[電源を入れる]、②[画面の表示を確認する]、③[チャンネルを切り換える]、④[正しいチャンネルか確認する]という4つの段階があるとします。ここで、テレビに対して操作するのは、①と③だけです。ところが、電源を入れた①の後ですぐに③のチャンネルを変える操作をしてもチャンネルは切り替わりません。そこで②では目で確認しますが、人は目で確認しますが、ルはすぐに切り替わりません。そこで②では次の操作のタイミングを待っているわけです。

画面の明るさを検出するなら光センサが使えます。装置に対してある操作をするとその結果、装置の状態が何らかの変化をします。たとえば、電源をオンすれば、画面が明るく変化します。(明るくなってから)1CHのボタンを押すと、1CHに切換わる変化が起きます。

機械やロボットに付けたフィンガ(指)で品物を持ち上げるときにも、同じようなことがいえます。その動作順序は、①品物の位置にフィンガを移動、②移動したことを確認、③フィンガを閉じる、④閉じ切ったことを確認、⑤フィンガを上に移動、⑥移動の確認、という順序になります。

このようにシーケンス制御とは、装置を動作させることと、動作が実行されたことを確認して次の動作タイミングを作る、ということを順番に繰返し実行して行く制御方法です。

要点BOX
- ●目的のTV番組を見るための操作
- ●ロボットで品物を持ち上げる動作順序
- ●TVやロボットの動作でシーケンス制御を学ぶ

シーケンス制御は動作を順番に実行していく制御

テレビのチャンネル切換えの動作

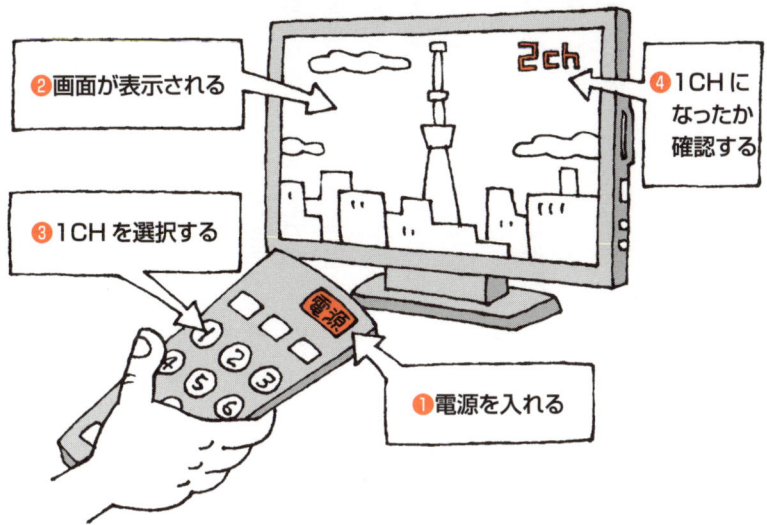

機械やロボットで品物を持ち上げる動作

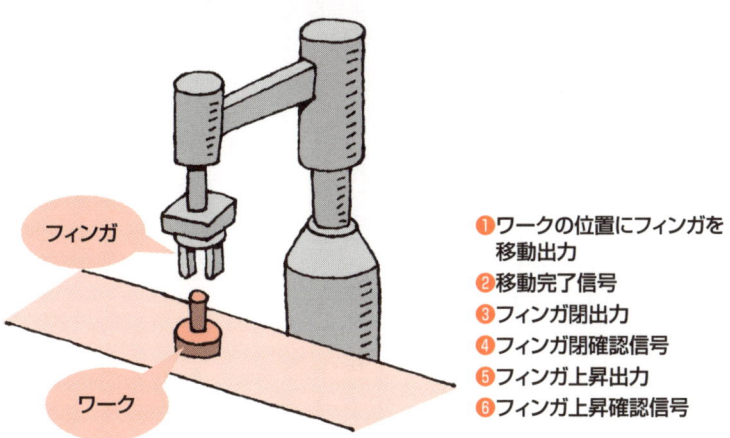

❶ワークの位置にフィンガを移動出力
❷移動完了信号
❸フィンガ閉出力
❹フィンガ閉確認信号
❺フィンガ上昇出力
❻フィンガ上昇確認信号

●第1章　身近にあるシーケンス制御

3 シーケンス制御の3つの制御パターン

機械を思い通りに順序よく動かすには

シーケンス制御には大きく分けて3つの制御パターンがあります。

一つ目は、スイッチを押したら照明が点灯するというように条件が整ったときにすぐに機器の動作が行われる条件制御と呼ばれているものです。条件反射的な制御と思ってもいいでしょう。夕方暗くなったら街灯が点灯するのもこのような条件制御です。これは暗くなったことを検出するセンサがオンしたら街灯のスイッチがオンするようになっています。人がドアの前に立ったら自動ドアが開くのも条件制御です。

二つ目は、時間の経過を計測して制御する時間制御です。交差点の信号機のように、決められた時間ごとに赤・黄・青と順番にランプの出力を切り替えるのがその例です。最近の省エネ型のエスカレータは、普段は動いていませんが、人が乗り口に来たことをセンサが感知すると動き出して、ある時間が経過したら停止します。エスカレータの動き始めは条件制御で

すが、停止するのは時間制御です。このような時間制御を実現するにはタイマを使います。シーケンス制御で使うタイマはリレーと同じような形をしています。リレーは操作部に電圧がかかるとすぐにスイッチが切り替わりますが、タイマは操作部に電圧がかかってもすぐには動作せず、設定された時間が経過したところでスイッチが切り替わるようになっています。

三つ目は、決められた順序どおりに機械を動かす順序制御と呼ばれている制御です。全自動洗濯機なら、スタートスイッチを押すと、注水工程→洗い工程→すすぎ工程→脱水工程というように順番に動作します。エアコンをスタートすると、送風口を開ける→室外機を動かす→送風するというように順番に動作します。

これらの3つのシーケンス制御のパターンを上手に使うと、いろいろな機械を順序よく思い通りに動かせるようになります。

要点BOX
●シーケンス制御の3つの制御パターン
●条件制御・時間制御・順序制御
●3つの制御パターンを組み合わせる

条件制御

人感センサ → 条件制御 → 照明オン

時間制御

歩行者用スイッチ → 時間制御

順序制御

センサ入力、スイッチ入力 → 順序制御 → 制御出力

自動給水弁　モータ

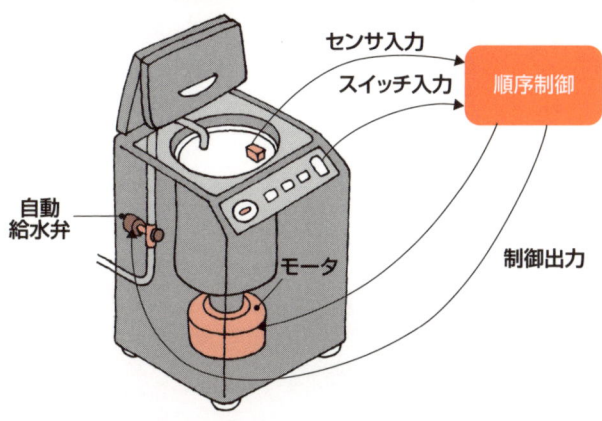

4 自動洗濯機のシーケンス制御を見てみよう

シーケンス制御を自動洗濯機で学ぶ

自動洗濯機は、まず、洗濯モードの選択をします。「標準コース」、「スピードコース」、「念入りコース」などを選択スイッチで人が設定します。そして、スタートスイッチを押すと洗濯が始まります。このように、人が機械の制御にかかわることができるように操作スイッチが使われます。コース洗濯スイッチのオンオフの条件とスタートスイッチがオンしたという条件で洗濯の制御が開始しますから、これは条件制御です。

最初の注水工程では、水道水を止めている弁を電気の力で開いて水を洗濯槽に入れます。そして、洗濯槽の水の高さを検出する水位センサがオンすると、弁を閉じて注水を停止します。このように、シーケンス制御では、機械の状態を検出するためにセンサからのスイッチ信号が使われます。洗濯開始信号で弁を開いて、水位センサで弁を閉じるので、これは条件制御です。

次に洗い工程に移ると、洗濯槽のドラムを回すモータが決められた時間だけ回転します。これは時間制御です。ドラムが回転を始めたときにタイマを起動して、設定時間後にタイマのスイッチが切り替わったときにモータを停止します。

そのあとで何回か逆回転するのは順序制御です。何回行うのかを数えるにはカウンタがよく使われます。洗濯のスイッチのオンオフの回数を数えて、設定した回数になると、カウンタのスイッチが切り替わります。洗濯のあとの排水では、排水口の弁を開いて一番下の水位センサがオフになったら、弁を閉じます。これも条件制御になります。

脱水工程ではドラムを高速に回転して決められた時間脱水します。この動作は時間制御です。全体の工程が終了するまでの一連の制御は順序制御が適用されています。このように洗濯機でも条件制御・時間制御・順序制御が混在して制御されています。

要点BOX
- ●まず選択モードを選ぶ—条件制御
- ●洗濯槽を回すモータを起動—時間制御
- ●正転・逆転をくり返す—順序制御

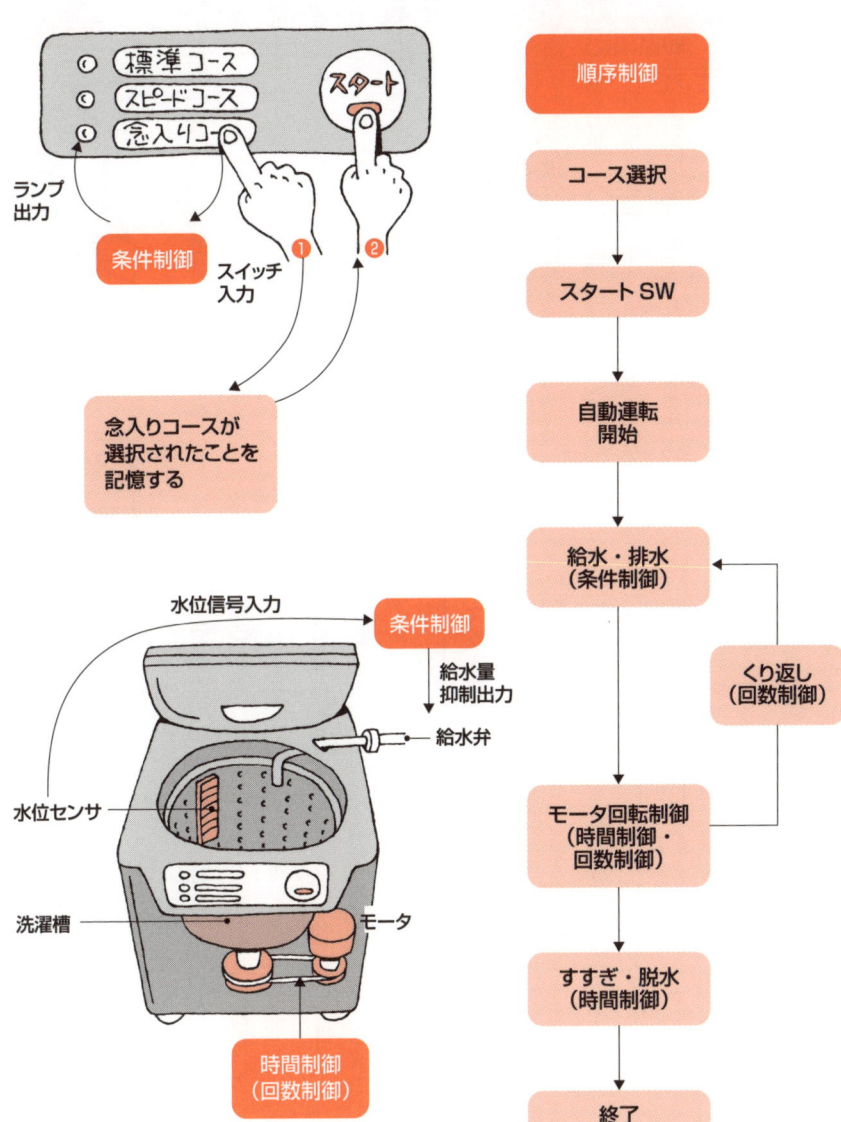

● 第1章　身近にあるシーケンス制御

5 缶飲料の自動販売機のシーケンスを見てみよう

自動販売機のシーケンス制御

缶飲料の自動販売機には、商品ごとに価格が表示された押しボタンスイッチが並んでいます。押しボタンスイッチにはランプが内蔵されていてボタンが光るようになっています。お金を入れると、その金額が表示器に表示されます。赤く光っている表示機は、7セグメント表示器と呼ばれていて、7つのLEDで光る線を「日」の形に組み合わせて0～9までを表示できるようにしたものです。エレベータの階数表示などでもよく使用されています。

自動販売機にお金が投入されると、お金の種類と枚数を検出して足し算を行い、購入できる金額の押しボタンスイッチのランプを光らせます。ボタンを押すとその商品を取出し口に送ります。お釣りがあれば、投入金額から購入金額を差し引いて釣銭を返却します。

このシーケンスの順序を考えてみると、①お金の検出→②ランプの点灯→③押されたボタンの確認→④対応する商品の排出→⑤釣銭の計算と排出、という具合に動作が実行されています。どの商品を買うにしても、この順序は変わらず、新しいお客さんがくればまた、同じ順序動作が繰り返されることになります。シーケンス制御はこのような同じ手順を繰り返すような制御方法です。

自動販売機にシーケンス制御を使うことのメリットは、缶ジュースを販売する人の数を減らせるということだけではありません。シーケンス制御を導入することで、「先に必要なお金を入れないとボタンが押せない」というようになるので、決められた操作順序が必ず守られることになります。すなわち、シーケンス制御には、人が機械の操作手順を間違えないようにする効果があることになります。

シーケンス制御によって工場に導入された複雑な機械のオペレータが操作手順を間違えずに作業を実行するように導くこともできるということです。

要点BOX
- 7つのLEDを「日」に組んで数字表示
- 同じ順序動作がくり返される
- 決められた操作が必ず守られる

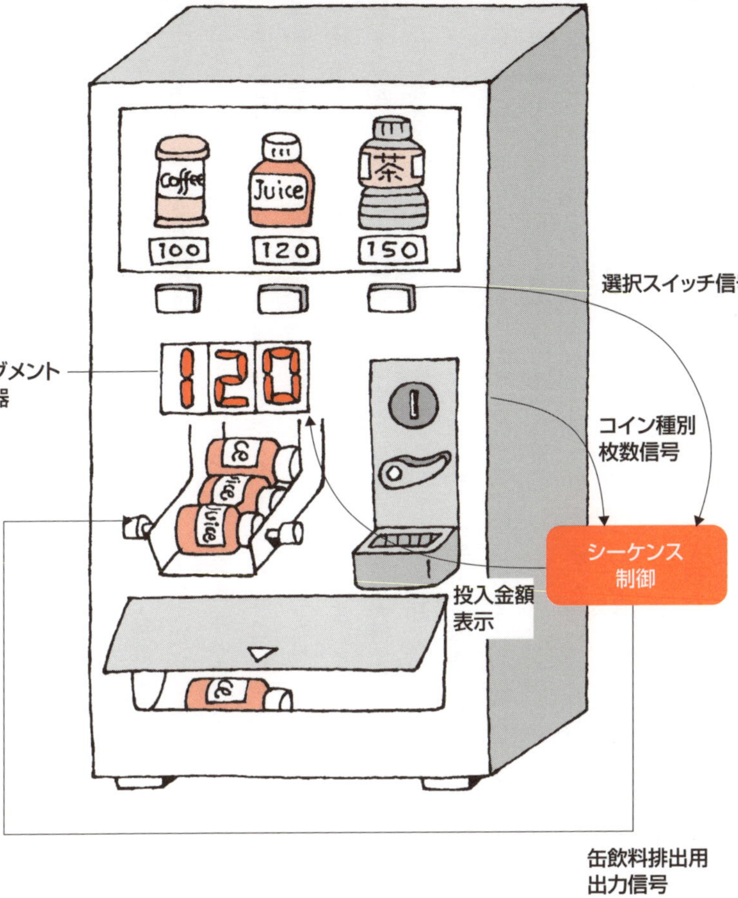

6 自動券売機の構造を考えてみよう

タッチパネル式切符の自動券売機

駅には列車の自動券売機が設置されています。少し前のものは運賃が表示された機械式の押しボタンスイッチが並んでいます。押しボタンスイッチにはランプが内蔵されています。お金を入れると金額が表示され、点灯した押しボタンスイッチを押すと、券面に金額を印刷して切符を取出し口から出します。お釣りがあれば釣銭を返却します。この動作は缶ジュースの自動販売機とほとんど同じです。

ところが最近の自動券売機は、押しボタンスイッチの代わりに、タッチパネルを使ったものが多くなってきました。タッチパネルはコンピュータで使うような液晶ディスプレイの上に接触センサがついた透明なガラス板を配置したような構造になっています。そのガラス面に人の指が触れると触れた場所がコンピュータで認識できるようになっています。

そこで、タッチパネルのディスプレイにボタンの絵をコンピュータで表示しておきます。そのボタンの場所を指で触れるとガラス面のセンサが検出場所をコンピュータに知らせます。すると、コンピュータはそのボタンが押されたと認識するのです。

ディスプレイ上にはボタンだけでなく、文字や線を表示したり、丸や四角の図形の色を変化させてランプのような表示ができます。タッチパネルを使った自動券売機では、コンピュータのプログラムで出力信号を出してタッチパネル上のランプの点灯やメッセージの表示、発券の動作などを総合的に制御しています。

このように、機械的なスイッチやリレー制御に代わってタッチパネルとシーケンス制御をするコンピュータを使った情報機器でシーケンス制御を行うことが多くなってきました。

コンピュータによってシーケンス制御を行うことで、人がお金を預かってお釣りを計算したり、切符の金額を確認したりするときの間違いをなくすという効果もあるわけです。

要点BOX
- ●押しボタンの代わりにタッチパネル
- ●コンピュータが総合的に制御
- ●タッチパネルを使った列車の自動券売機

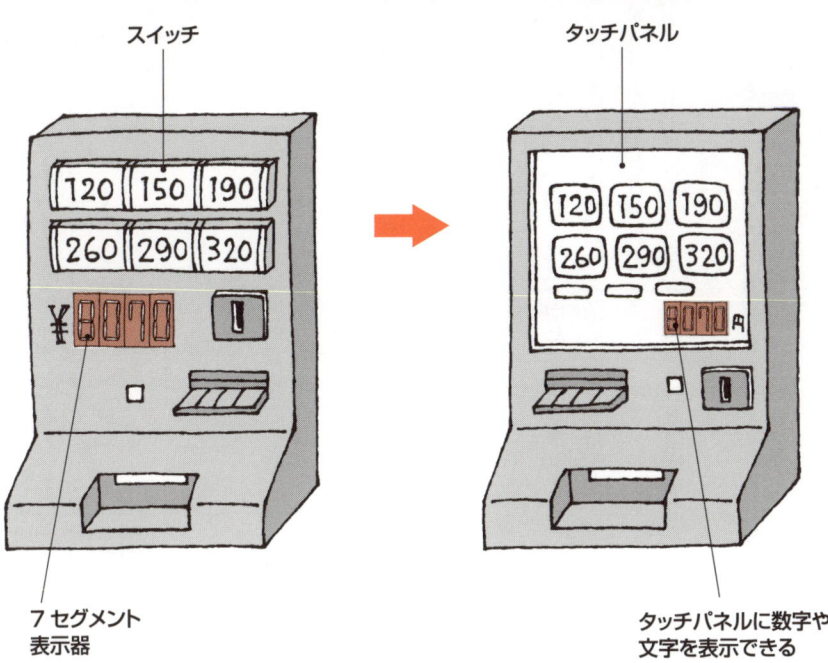

● 第1章　身近にあるシーケンス制御

7 操作スイッチとシーケンス制御

スイッチ操作で機械を動かす

シーケンス制御はスイッチの信号を使って出力を切り替えて制御します。スイッチを操作するということは、スイッチの操作部を手で押したりひねったりして動かして、電気の流れを変えることを意味しています。

電源スイッチは、機械を動かす大もとになる電気を通電したり遮断したりします。

携帯電話のスイッチは直接電源を入り切りするのではありませんが、人が指でスイッチを動かすことで、電気の流れを変えて、電話機本体の中にあるマイクロコンピュータにスイッチのオンオフ信号を受け渡すようになっています。マイクロコンピュータはその信号を受けて要求された処理を実行します。

スイッチは電気の入り切りをするだけでなく、機械が動くきっかけとなる信号を人が与える手段としても使われるのです。このように機械を制御するときにスイッチは、大変重要な役割をしています。人が機械に指令する方法を実現したものがスイッチであると言ってもいいのかもしれません。

スイッチは操作したときに、接点に流れる電気をコントロールします。簡単な押しボタンスイッチの動作を考えてみましょう。例えば、図1のように、コンセントからAC100Vの電気をもらって白熱灯を点灯する回路では、押しボタンスイッチの両端にコンセントにつなぐプラグと、白熱灯を直列に接続します。押しボタンスイッチを指で押すと、電気を流す金属板が下がって、接点同士がくっつきます。接点と金属板を通って電気が流れるので、白熱灯にコンセントからのAC100Vの電圧がかかって白熱灯が点灯します。スイッチを離すと、スプリングの力でスイッチが押し上げられるので、接点が離れて電気が止まり、白熱灯は消灯します。

図1を電気回路的なイメージで示したものが図2です。電気回路にすると、スイッチの構造や配線が単純化されるので、見やすくなります。

要点 BOX
- ●押しボタンスイッチのしくみ
- ●押しボタンスイッチの動作
- ●押しボタンスイッチと電気回路

図1　押しボタンスイッチの動作

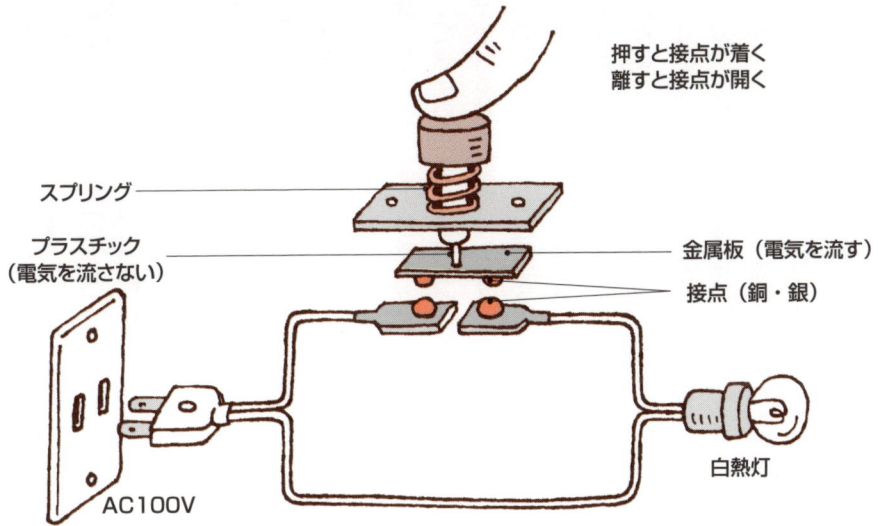

図2　押しボタンスイッチの電気回路的な表現

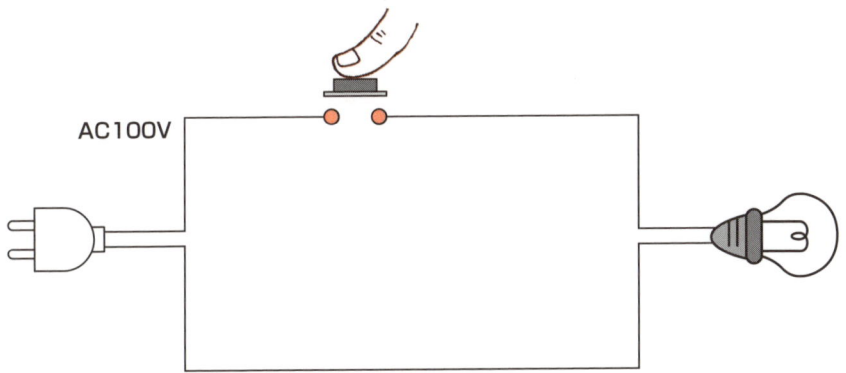

●第1章　身近にあるシーケンス制御

8 押しボタンスイッチの種類

用途によって押しボタンスイッチの種類を選択する

図1は実際の押しボタンスイッチの外観で、スイッチの操作部が上にあり、下部には金属の配線用端子が出ています。指で押す部分が、このスイッチの操作部です。下側から出ている端子は、スイッチの内部の接点につながっています。

この押しボタンスイッチが押されると、スイッチの下部にある配線用の2つの端子の間が電気的に短絡して電気が流れる状態（導通）になり、スイッチを離すと端子の間に電気が流れない状態（絶縁）になります。

図2は自動機械などに使われる押しボタンスイッチです。操作部が大きくて押しやすくなっています。また、操作部があまり出っ張っておらず誤操作が起こりにくいようになっています。強度的には、強く壊れにくくなっています。また、操作部にLEDランプなどが取り付けられていて、操作部の表面が光る照光タイプもあります。

スイッチは電気を流すか流さないかという単純な信号を作っているだけで、スイッチの大きさや形状はあまり意味を持たないように思われがちです。しかし、デジタルカメラについている小さなスイッチは、大型のコンベアの電源の入り切りをするような用途には向いていません。

力の強いものや大きな動作をするものを動かすスイッチはそれなりに大きなものにすることで、操作を違えにくくしています。また、ボタンの色も重要です。危険なところに使うスイッチは赤や黄色を使うとか、紛らわしいスイッチはボタンの形状を変えるなどといった工夫をします。

普段使わないものや人がぶつかったときに誤ってスイッチが押されることがないように、カバー付きのボタンなどを利用して誤操作を防止することもあります。また、レバースイッチで、機械を操作するときにはレバーを倒す向きと動作の方向を一致させると誤操作の防止に役立ちます。

要点BOX
- ●押しボタンスイッチの構造
- ●誤動作が起こりにくい構造や形状を選択
- ●使用箇所に合わせて選定

図1　A2A型押しボタンスイッチ（オムロン製）

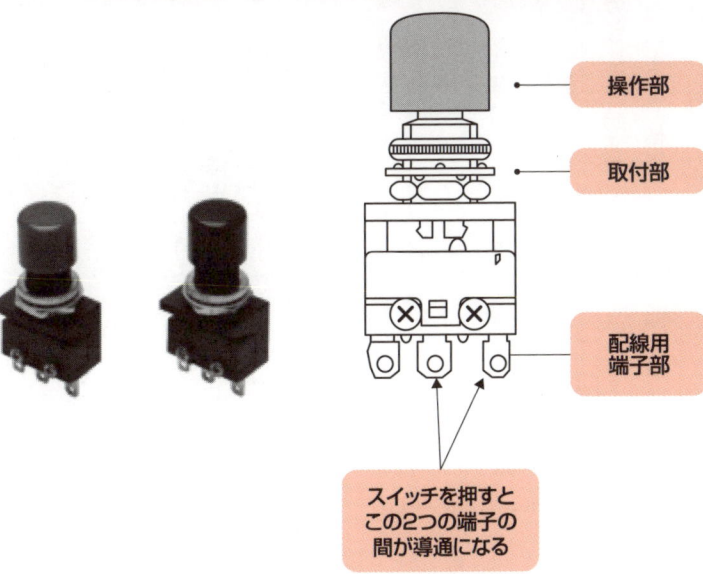

- 操作部
- 取付部
- 配線用端子部
- スイッチを押すとこの2つの端子の間が導通になる

図2　M2P型押しボタンスイッチ（オムロン製）

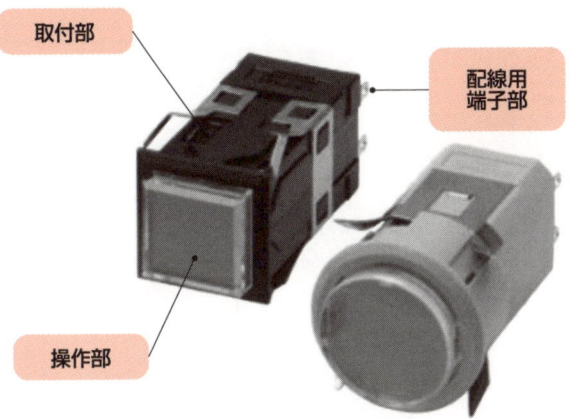

- 取付部
- 配線用端子部
- 操作部

（写真はメーカーカタログより抜粋）

9 スイッチのしくみ

スイッチの a接点、b接点、c接点

スイッチには、操作すると閉じる接点を持つスイッチだけでなく、なにも操作をしていないときに電気を流して、スイッチを押すと電気を止めるような接点を持ったスイッチもあります。この接点はスイッチを押すと開くので前に説明したスイッチと逆の動作になります。スイッチは、接点が開いていて、電圧をかけても電気が流れない状態にあるか、接点が閉じていて、電圧をかければ電気が流れる状態にあるかの二通りがあります。

スイッチを操作していない状態で開いている接点をa接点と呼んでいます。スイッチを操作しない限りa接点に電気は流れません。a接点のaは"働く"という意味のarbeitの頭文字です。JISでは「メーク接点」と呼んでいます。慣用的に、「常時開の接点」あるいは「常開接点」と呼ばれることもあります。通常は接点が開いているので、ノーマルオープン(normal open)あるいは、NO接点とも呼ばれます。

スイッチを操作しなくても、はじめから閉じていて電気が流れる状態になっている接点はb接点と呼ばれています。スイッチを操作するとb接点は開いて電気を流さなくなります。bはbreakのbで、壊すとか破るという意味で、電気の流れを壊す(遮断する)というイメージを表しています。JISでは「ブレーク接点」と呼んでいます。通常状態で接点は閉じているので、ノーマルクローズ(normal close)あるいは、NC接点とも呼ばれます。

図1のように、スイッチには1つの共通の端子に対してa接点の機能とb接点の機能の両方を持ったc接点と呼ばれる接点を持つスイッチもあります(図2)。

図3は、c接点のトグルスイッチです。スイッチを右に倒すか左に倒すかによって、中央の端子が共通コモンとその上下の端子の間の電気の流れが切り替わるのでa接点とb接点の両方の機能が使えます。。

要点BOX
- ●常時開のa接点—メーク接点
- ●常時閉のb接点—ブレーク接点
- ●両機能をもつc接点

図1 a接点とb接点を持つ押しボタンスイッチ

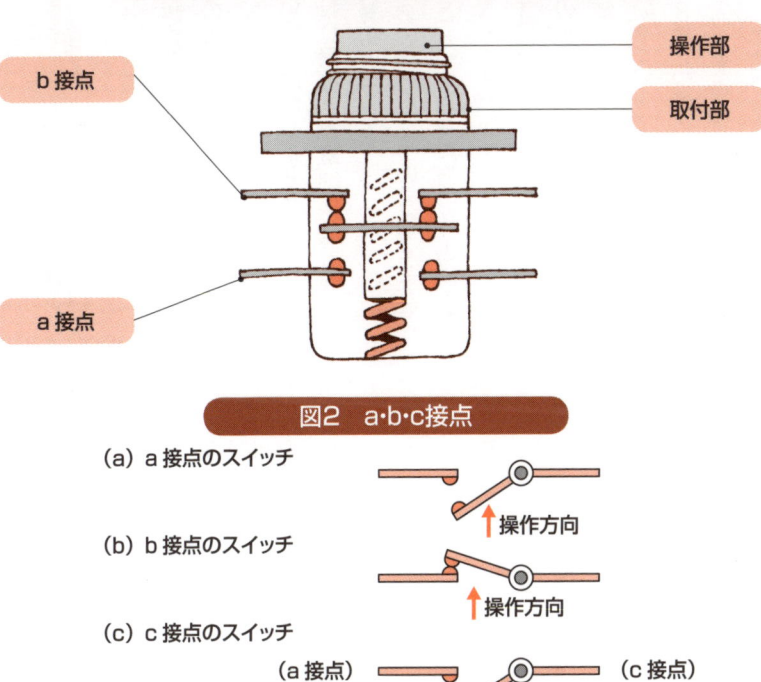

図2 a・b・c接点

(a) a接点のスイッチ

(b) b接点のスイッチ

(c) c接点のスイッチ

（c接点のcは、changeoverの頭文字で「切替え」を意味します）

図3 トグルスイッチ

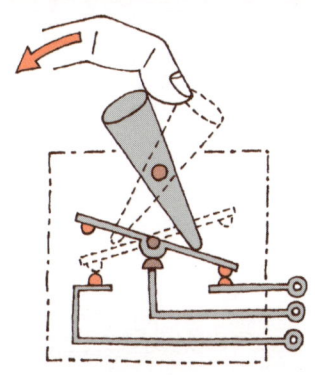

● 第1章　身近にあるシーケンス制御

10 スイッチの直列接続と並列接続

スイッチのつなぎ方の基本

複数のスイッチを使った動作を見てみましょう。

図1のように押しボタンスイッチを2つ直列に接続すると、両方のスイッチを押さないと電球には電気が流れないので点灯しません。このようなスイッチの接続をAND接続とか直列接続と呼びます。ANDは論理演算のANDです。

図2のように2つのスイッチを並べてつなぐと、少なくともいずれか片方のスイッチを押せば点灯するようになります。このようなスイッチの接続をOR接続とか並列接続と呼びます。

このように、複数のスイッチを使うと、そのつなぎ方次第で、どのような操作をしたときに電球を点灯するのかという、条件付けができるようになります。

図3は2つのスイッチを直列に接続して両手を使ってスイッチを操作しないと、ブロワのモータが回転しないようになっています。図4はどちらのスイッチを操作しても緊急警報が鳴るような並列配線になっています。

図5は1つの電灯の点灯と消灯を階段の上と下の2つのスイッチで切り替える回路の例です。この切り替えには、2個のc接点のスイッチを使います。この絵の状態でコンセントにプラグを差し込むと、電灯は点灯します。そして、1階スイッチか2階スイッチのいずれかを切り替えると、消灯するようになっています。その状態で、さらに1階スイッチか2階スイッチのいずれかを切り替えると、また点灯します。

このほかにNOT回路も記述できます。NOT回路は、否定になります。a接点のNOT回路はa接点と反対の動作をすることになりますから、b接点ということになります。

このように、スイッチの接続によってAND、OR、NOTという基本の論理回路が実現できることになります。シーケンス制御は、スイッチの論理演算の機能を使って機械を制御する方法なのです。

要点BOX
- ●スイッチを直列接続するAND回路
- ●スイッチを並べてつなぐ並列接続するOR回路
- ●1つの電灯を2つのスイッチで切り替える

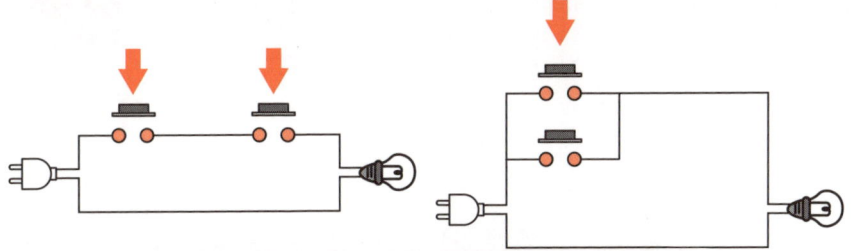

図1　a接点のAND接続　　　　図2　a接点のOR接続

図3　両方のスイッチを押さないと回らないブロア

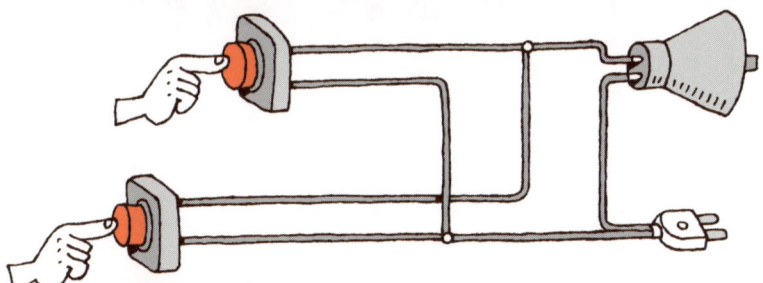

図4　どちらのスイッチでも鳴る警報機

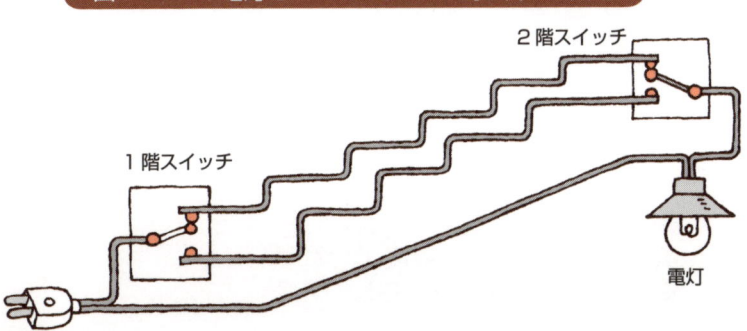

図5　1つの電灯を2つのスイッチで切り替える回路

2階スイッチ
1階スイッチ
電灯

●第1章　身近にあるシーケンス制御

11 押しボタンスイッチの配線

押しボタンスイッチの配線はどうするか

押しボタンスイッチの実際の配線例を見てみましょう。図1は押しボタンスイッチでDC24VのLEDランプを点灯するための配線です。

LEDランプはソケットに取り付けられていて、ソケットからははんだ付け用の端子が出ています。押しボタンスイッチもはんだ付けで配線します。はんだ付けには、電線を切るためのニッパ、電線の被覆をむくためのストリッパ、はんだを溶かすはんだごて、はんだ、ペーストが必要です。はんだ付けの仕方は図2のようにします。

DC24Vの電源はスイッチングレギュレータをつかってAC100Vの商用電源から作ります。スイッチングレギュレータの入力側にコンセントをつけてAC100Vを供給します。すると出力側からDC24Vが出てくるので、スイッチが押されたらLEDが点灯するように配線します。

このスイッチングレギュレータの入出力は端子台にな っているので、圧着端子を電線の先につけて端子台にねじで止めます。

圧着作業には、はんだ付けに使ったニッパとストリッパのほかに図3のような、圧着工具と圧着端子が必要です。

図4のように電線に絶縁用のチューブを通してから、電線の被覆をむいて、圧着端子を被覆をむいた電線と一緒に圧着工具でカシメて接続します。カシメた圧着端子をスイッチングレギュレータの端子台にねじ止めすれば配線が完了します。

圧着端子には絶縁用のチューブを付けるのが普通ですが、先ほどのはんだ付けの部分も絶縁用のチューブや場合によっては熱収縮チューブなどをつけておくのが望ましいと言えます。

また、複雑な配線になったときには、番号を印刷した絶縁用のチューブを使って、どこに配線したのかが分かるようにしておきます。

要点BOX
- ●DC電源を使ってLEDランプを点灯する
- ●電源はレギュレータを使って商用電源から
- ●はんだ付け圧着端子を使った配線

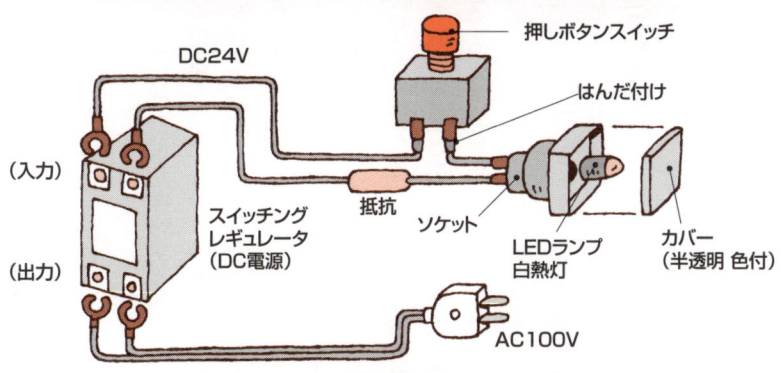

図1　押しボタンスイッチでLEDランプを点灯

図2　はんだ付け

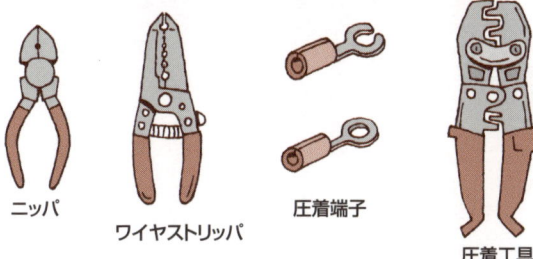

図3　電工用工具

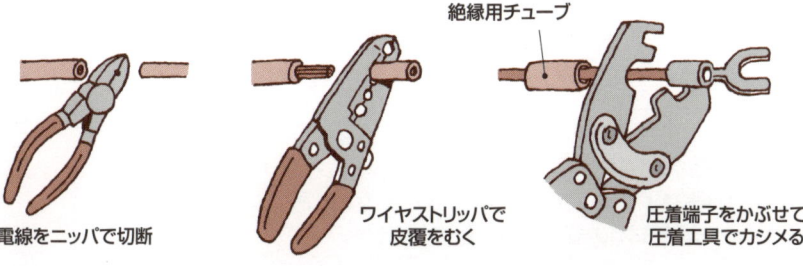

図4　電線のつなぎ方

● 第1章　身近にあるシーケンス制御

12 機械の動作で操作するスイッチ

リミットスイッチで機械の位置を検出する

スイッチには、人が操作するスイッチだけでなく、機械の位置を検出するリミットスイッチや、状態の変化をセンサで検出したときに切り替わるスイッチなどがあります。

シーケンス制御は、機械を制御するためによく利用されます。機械を操作するのは人ですから、人が機械に与えた信号を認識するのが操作スイッチです。機械を制御するにはさらに機械の動きや状態を検出するスイッチが必要になります。

機械はいろいろな部分が動きますが、決められた位置で停止するためには、その位置に来たらスイッチが入るようにしておく必要があります。たとえば、ドグ（DOG）とリミットスイッチを利用すると、機械が動作しているときの位置がわかります。

リミットスイッチは図1のように機械の運動部でボタンを押しこむと接点が切り替わるようになっています。リミットスイッチは、レバーを使ったアクチュエータ部と

マイクロスイッチ部の組み合わせでできています。このリミットスイッチを機械の動かない場所に固定しておきます。機械の動く部分のうち、検出したい場所にドグと呼ばれるスイッチを押し下げる役割をする板を取り付けます。このドグが図の矢印の方向に移動すると、アクチュエータのローラにドグが当たってレバーを押し下げます。そしてそのレバーが下がり切るとマイクロスイッチのa接点が導通になるというしくみです。この回路では、ドグがリミットスイッチを操作すると、ランプが点灯します。すなわち、ランプが点灯しているかどうかを見れば、ドグがリミットスイッチの位置に来たことが分かります。

リミットスイッチだけでなく、図2や図3のような機械の中の運動する部分を検出するようにスイッチを取り付けると、動作中の機械の位置を知ることができるのです。

要点BOX
- ●機械の位置を検出するリミットスイッチ
- ●マイクロスイッチをONにするしくみ
- ●動作中の機械の位置を検出

図1 リミットスイッチによる機械の位置の検出（接触）

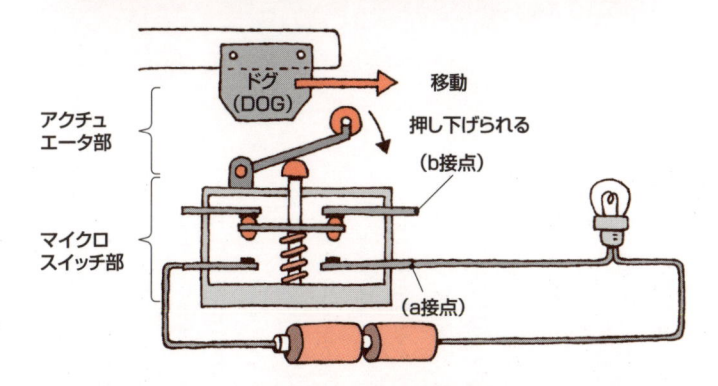

- アクチュエータ部
- マイクロスイッチ部
- ドグ（DOG）
- 移動
- 押し下げられる
- （b接点）
- （a接点）

図2 磁気スイッチによる機械の位置の検出（磁性体）

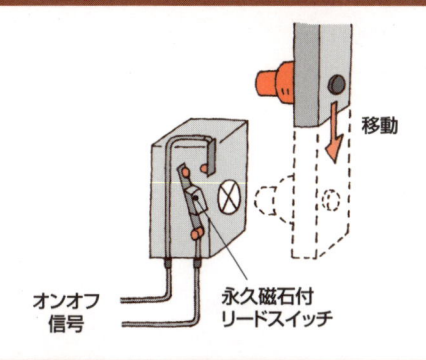

- 移動
- オンオフ信号
- 永久磁石付リードスイッチ

図3 フォトマイクロスイッチによる機械の位置の検出（不透明体）

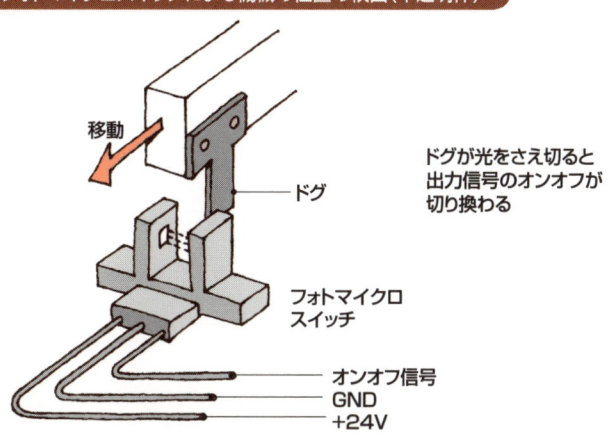

- 移動
- ドグ
- フォトマイクロスイッチ
- ドグが光をさえ切ると出力信号のオンオフが切り換わる
- オンオフ信号
- GND
- +24V

Column

スイッチのJIS記号

電気の配線は、実物を使った絵で配線などを示す（実態配線図）を描くよりも、統一された記号で書いたほうが単純で分かりやすくなります。シーケンス回路を記述する記号は、JIS規格として統一されています。たとえば1999年に制定されたJIS C0617があります。シーケンス制御の電気回路を記述するときも、JIS記号を使って表現します。

押しボタンスイッチには、モメンタリ型とオルタネイト型があります。モメンタリ型はボタンを押している間だけ接点が切り替わり、ボタンを離すと接点がスプリングの力などで元に戻るものです。オルタネイト型はボタンを押すたびに、接点が切り替わり、もう一度ボタンが押されるまで切り替わった状態のままになっているものです。JISではそのようなスイッチの書き方も決まっています。

押しボタンスイッチのJIS記号は左の図のようになっています。

その他に、非常停止に使われるキノコ型のスイッチなども書き方が決まっています。トグルスイッチやノブを回してひねるタイプのスイッチは切替えスイッチのように書きます。

図1 モメンタリスイッチのa接点とb接点の記号

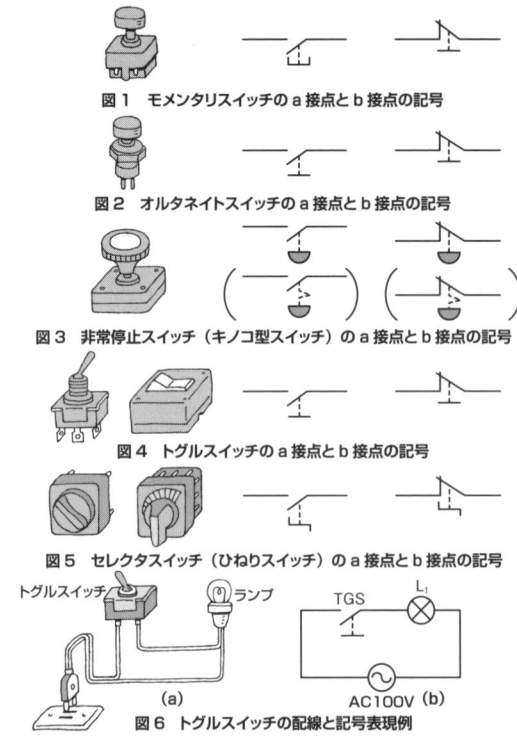

図2 オルタネイトスイッチのa接点とb接点の記号

図3 非常停止スイッチ（キノコ型スイッチ）のa接点とb接点の記号

図4 トグルスイッチのa接点とb接点の記号

図5 セレクタスイッチ（ひねりスイッチ）のa接点とb接点の記号

図6 トグルスイッチの配線と記号表現例

第2章

リレーの使い方を学ぶ

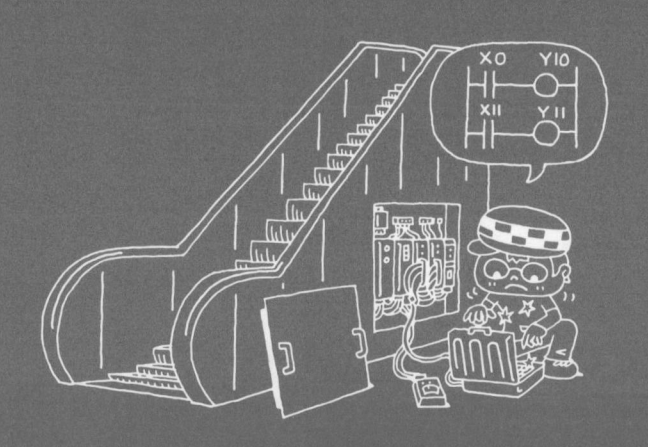

13 電磁リレーの構造

電気の力で切替えを行う電磁リレー

操作スイッチは指で操作してスイッチを切り替えますが、リレーは指の代わりに電気の力で切り替えるようにしたスイッチと思ってもらえばよいでしょう。

実際にスイッチを切り替えるためには電気を使って機械的な力を出さなくてはなりません。その最も簡単な方法は電磁石を利用することです。エナメル線を鉄芯の周りにぐるぐる巻きにして電池をつなぐと鉄芯は磁石になります。その磁石の力でスイッチを切り替えるようにしたのが、リレー（電磁リレー）です。

押しボタンスイッチとリレーを並べて比較してみましょう。図1(a)は押しボタンスイッチです。図1(a)が指で操作していないときの図で、b端子とc端子の間が導通になっています。図1(b)のように、指でボタンを押すと、b端子側にあった接点がa端子側に移動して、今度は、a端子とc端子の間が導通になります。

この図の指で押す部分を取り除いて、電磁石で接点を引っ張るようにしたものが図2(a)の電磁リレーです。電磁リレーは、鉄芯にコイルを巻きつけて作った電磁石によって接点を図の右方向に引っ張るようになっています。

図2(b)のように、コイルの両端の端子に電圧をかけると鉄芯が電磁石になって、鉄片を図の右側の方向に引っ張ります。この力でb端子側にあった接点がa端子側に移動するので、b端子とc端子の間は絶縁になって、a端子とc端子の間が導通になります。また、コイルにつないだ電気が切れると図2(a)の状態に戻ってa端子とc端子は絶縁状態になります。

説明図ではリレーの接点としてc接点を1つだけ描いてありますが、実際には同じコイルの動作で、1〜4個のc接点が同時に切り替わります。このようにスイッチは指で接点を操作するもので、リレーは指のかわりに電気の力で接点を切り替えるものです。リレーの外観は図3のようにカバーでおおわれています。

要点BOX
- 押しボタンスイッチとどこが違う
- 電磁リレーのしくみ
- 電磁石を応用して切換えを行う

図1　押しボタンによるスイッチ切替え

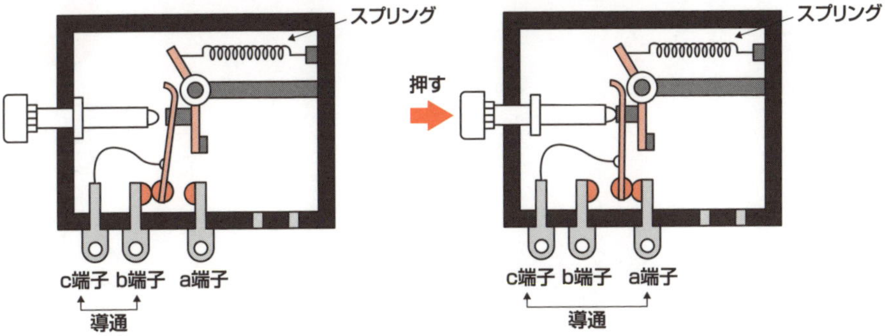

スプリング

c端子　b端子　a端子
←導通→
(a)操作していないとき

押す

スプリング

c端子　b端子　a端子
　　　　←導通→
(b)スイッチを指で押したとき

図2　電磁石によるスイッチ切替え

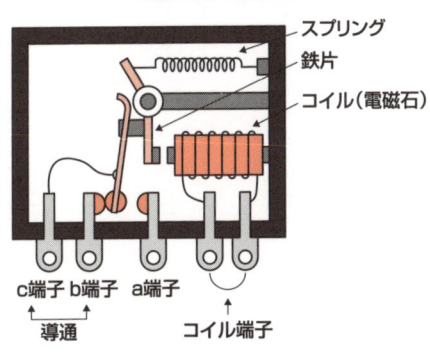

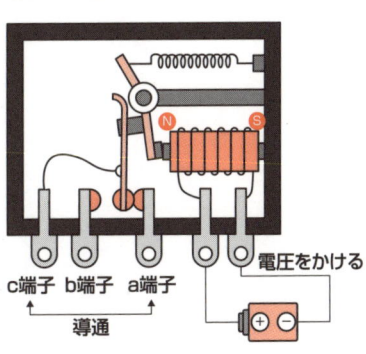

スプリング
鉄片
コイル(電磁石)

c端子 b端子　a端子
←導通→
コイル端子
(a)操作していないとき

c端子 b端子　a端子　　電圧をかける
　　　　←導通→
(b)コイルに電圧をかけたとき

図3　リレーの外観

(オムロン製MY2)

14 リレーの簡単な使い方

小さなスイッチで大きな電気の入り切りをする

リレーはコイルに電圧をかけて接点を動作させるものです。このリレーの機能を使うと、小さなスイッチで大きな電気の入り切りができるようになります。携帯電話に付いているような小さなスイッチでは、扇風機のような強い電源を直接オンオフすることはできません。こういうときには、小さなスイッチでも動作できる低い電圧のリレーを用意します。そしてリレーのコイルをその小さなスイッチで動作すれば、その接点で大きな電気のオンオフが可能になります。

図1はDC5Vで動作するリレーを使って、小さなスイッチで扇風機の電源をオンオフするようにした回路です。スイッチの回路は電池で動作しますが、扇風機の交流電源はリレーの接点で入り切りしています。

ここで分かるように、リレーコイルの回路と、リレー接点の回路が独立した別々の回路になっています。DC5Vの相とAC100Vの相という、2つの相の動作をリレーがつないでいるので、この回路では、リレーは相と相の間の信号の受け渡しをする役割をしています。このような機能をインタフェースと呼んでいます。

別の見方をすると、スイッチによる小さな電気のオンオフで、大きな電気の入り切りができたことになります。この小さな電力で大きな電力の制御をする機能を、増幅機能と呼ぶこともあります。

センサなどによく見受けられるトランジスタを使って出力をする機器では、交流電源のオンオフができません。図2のようにリレーを使えば、トランジスタ出力のセンサでAC100Vのベルトコンベアを駆動できます。

さらに、この回路では、リレーのb接点を使っているので、センサの信号が逆になって出力されます。このように、リレーを使うと、センサがオンしたらコンベアを動かすだけでなく、逆に、センサがオフしているときにコンベアが動作するという制御もできます。

要点BOX
- リレーのコイルを小さなスイッチで動作
- インタフェースの機能
- トランジスタ出力のセンサでコンベア駆動

図1 小さなスイッチで扇風機の電源をオン・オフする回路

AC100V

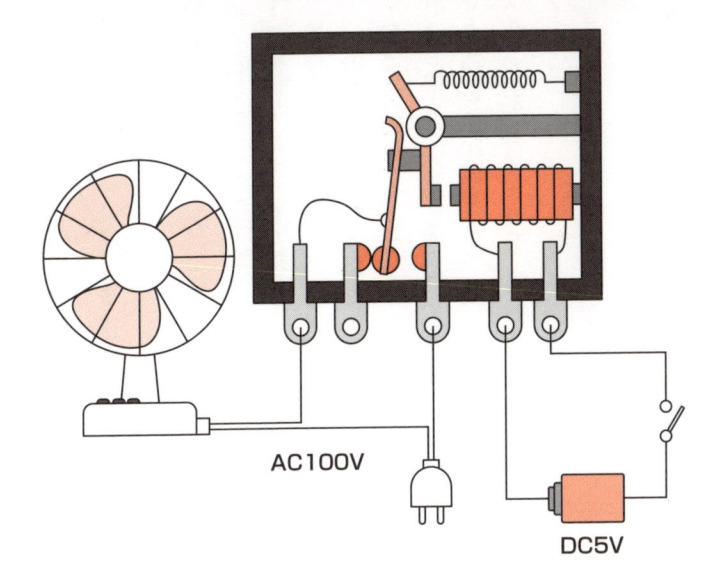

DC5V

図2 トランジスタでAC100Vのベルトコンベアを駆動

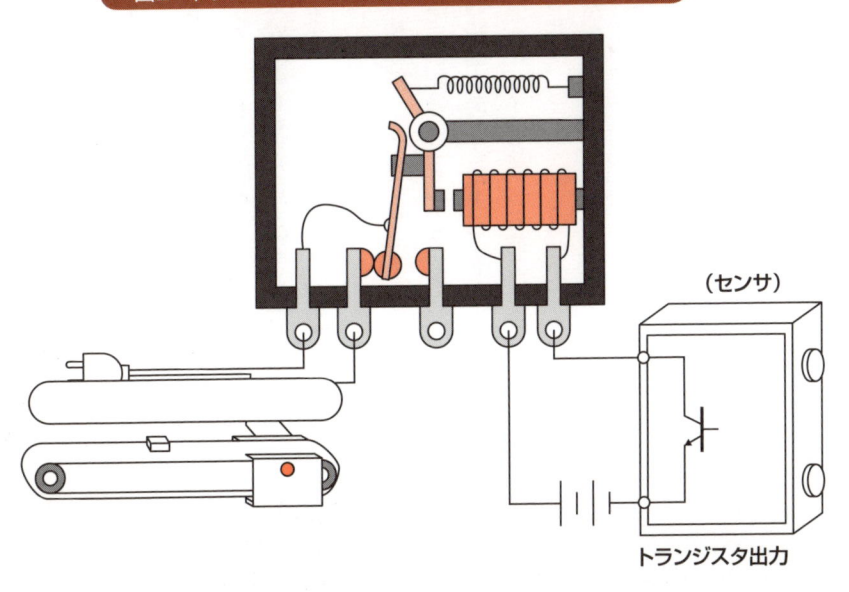

（センサ）

トランジスタ出力

15 リレーの簡単なイメージとJIS記号

リレーを回路図に記述する

リレーを記号で表すときには、リレーコイルとリレー接点に分けて記述します。

図1(a)はリレーコイルとa接点をイメージしたものです。接点の付いた可動板がばねで引っ張りあげられていて、その下には固定接点があります。コイルに電圧がかかると可動板が下に引っ張られて固定接点と接触してa接点の両端が導通になります。このリレーをJIS記号で記述すると、図1(b)のようにa接点はスイッチの記号で表され、リレーコイルは長方形で表されます。ここで、a接点とコイルの記号だけですと、どのコイルでどの接点が動くか分からないので、必ずコイルと接点にはリレーの番号をつけます。同じリレー番号のものは機械的に連動していることを意味します。

リレー接点にはb接点もあります。コイルとb接点の関係をイメージしたものが図2(a)です。これをJIS記号で表すと、図2(b)のようになります。

実際のリレーでは接点の数は1個から、多いものでは a接点とb接点を合わせて8個くらいのものまであります。複数の接点をもつリレーのイメージは図3(a)のようになります。これをJIS記号で表示すると、図3(b)のようになります。

同じ名前の接点は、1つのリレーコイルで同時に動作します。接点の記号はコイルのそばに記述する必要はなく、回路図上のどこにあってもかまいません。回路図上のどこに描かれても、コイルと同じ名前の接点は、全て同時に動作します。そこで同じ名前のコイルは回路図上に1つしか存在しません。

リレー接点の記号は、コイルに電圧がかかっていないときの状態を回路図に記述します。普段からコイルに電圧がかかっていて、常に動作状態にあるとしても、コイルが動作しているときの状態を回路図に記述することはありません。コイルが動作したときの状態は、回路図を読む人の頭の中で想像するのです。

要点BOX
- リレーコイルとリレー接点は分けて記述
- 同じリレーのコイルと接点は必ず同じ番号に
- コイルが動作した時の接点の状態は頭で想像

図1　リレーのa接点のイメージとJIS記号

ばね
可動板
a接点（固定）
コイル

(a) コイルとa接点のイメージ

R_1 ——— a接点

R_1 ——— コイル

(b) JIS記号

図2　リレーのb接点のイメージとJIS記号

ばね
b接点（固定）
コイル

(a) コイルとb接点のイメージ

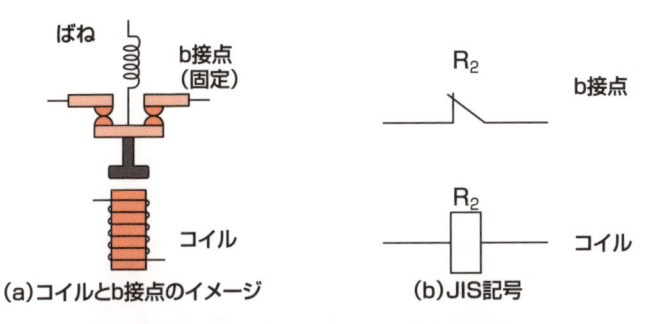

R_2 ——— b接点

R_2 ——— コイル

(b) JIS記号

図3　複数の接点をもつリレーのイメージとJIS記号

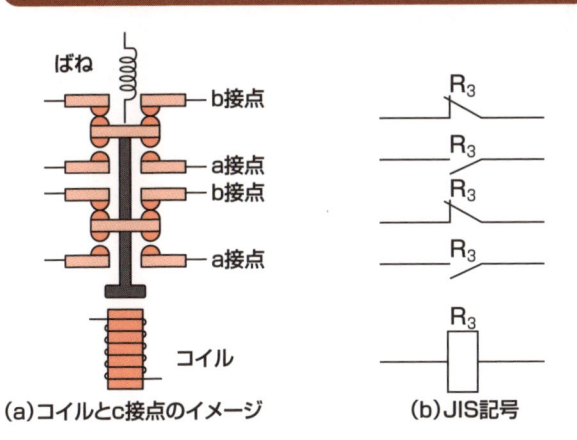

ばね
b接点
a接点
b接点
a接点
コイル

(a) コイルとc接点のイメージ

R_3
R_3
R_3
R_3
R_3

(b) JIS記号

● 第2章 リレーの使い方を学ぶ

16 回路図のリレーは名前で管理される

リレーコイルが動作すると同じ名前の接点が切り替わる

JIS記号は図1のように、横書きだけでなく縦書きにすることもできます。リレーコイルに電圧がかかったときの状態を、「コイルが励起」したとか、「コイルが動作」したとか、「リレーがオン」とか、「コイルに通電」したとか言うことがありますが、いずれもコイルに電圧がかかって、リレーの接点が切り替わった状態になったときのことを指しています。

回路図では、1つのリレーのコイルとその接点には同じ名前をつけて管理をします。リレーコイルがオンになるとそのコイルと同じ名前が付いている全てのリレー接点が切り替わります。すなわち、コイルがオンすると、回路図上にあるコイルと同じ名前のa接点は閉じて導通になり、b接点開いて絶縁になるのです。

このとき、複数のリレーがあると、どのリレーコイルでどの接点が動くか分からなくなりますから、リレーコイルごとに名前を変えなくてはなりません。

同じ名前のリレー接点はいくつもありますが、同じ名前のリレーコイルは複数存在せず、1つだけです。

もし、同じ名前のリレーコイルが2個あったら、それと同じ名前のリレー接点は、どちらのリレーコイルがオンしたときに切り替わるか分からなくなってしまいます。リレーコイルで動作する接点は名前で管理されていますから、回路図では、リレーコイルのある場所と接点の場所は離れていてもかまいません。

図2は、リレー R_3 を使ってランプのオンオフをする回路です。押しボタンスイッチ SW_1 を押すと、R_3 のコイルがオンして、R_3 の a 接点が閉じるのでランプ L_1 が点灯します。

図2の回路図を実際の配線のイメージで描いたものが、図3です。電気回路図ではコイルと接点を分離して描けるのでシンプルになりますが、実際の配線は同じリレー番号のものは1つのリレーに集中して配線することになります。

要点BOX
- ●リレーコイルとリレー接点の回路動作
- ●リレーを使ってランプをオンオフする
- ●実際の配線と回路図の比較

図1　リレーコイルとリレー接点のJIS記号

	縦書き	横書き
コイル	R_1	R_2
a接点（メーク接点）	R_1	R_2
b接点（ブレーク接点）	R_1	R_2
c接点（トランスファ接点）	R_1	R_2

図2　電気回路図

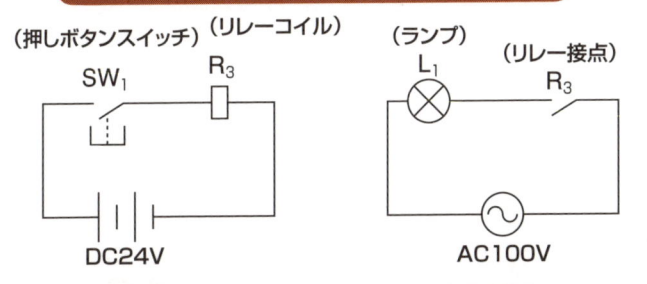

(押しボタンスイッチ) (リレーコイル)　　(ランプ)　(リレー接点)
SW_1　R_3　　　　　　　　　　　　　L_1　　R_3
DC24V　　　　　　　　　　　　　　　AC100V

図3　配電のイメージ

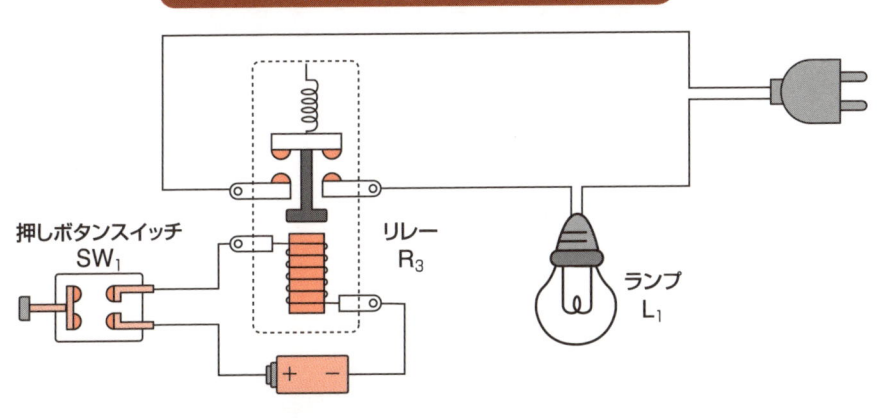

押しボタンスイッチ SW_1　　リレー R_3　　ランプ L_1

●第2章　リレーの使い方を学ぶ

17 リレーの配線方法

リレーの外観と実際の配線

実際のリレーの配線の様子を見てみましょう。

図1はリレーの外観です。ケースの中にリレーのコイルと接点が入っています。そして、リレーの下側に出ている端子にコイルと接点がつながっています。このリレーの場合、端子の番号13と14がリレーコイルにつながっていて、端子の番号12と8の間がa接点になっています。9と5の間もa接点になっています。

リレー端子に直接はんだ付けをすると、リレーの交換が簡単にはできなくなってしまいます。

そこで、図2のようなリレーソケットを使って配線すると、リレーの抜き差しができるようになるので、リレーの交換が簡単になります。リレーソケットにリレーが差し込まれると、リレーの下側に出ている端子とソケットの配線用端子が内部で接続されます。リレーソケットの端子の番号とリレーソケットの番号を見比べて、ソケットのどの端子にリレーのどの信号が出てきているのかを確認して使います。この番号は同じソケットを使っても、リレーの種類によって出てくる信号が変わることがあるので注意します。

このリレーソケットを使った配線のイメージは図3のようになっているので、このリレーソケットの先にY型の圧着端子をカシメ工具で圧接して配線します。

この電気回路では、スナップスイッチを切り替えとランプが点灯するようになっています。スナップスイッチでDC電源の入り切りをして、リレーコイルのオンオフをしています。リレーコイルに電圧がかかると接点が切り替わり、端子番号12と8の間のa接点と端子番号9と5の間のa接点が導通になります。このリレーには2つの接点回路があって、コイルがオンするとどちらも同時に切り替わります。この回路では、端子番号9と5の端子を使ってランプに流すAC100Vの電気を入り切りするように配線してあります。

要点BOX
- ●リレーソケットを使って配線
- ●リレーの端子番号とソケットの番号を確認する
- ●リレーソケットを使った配線例

図1 リレーの例

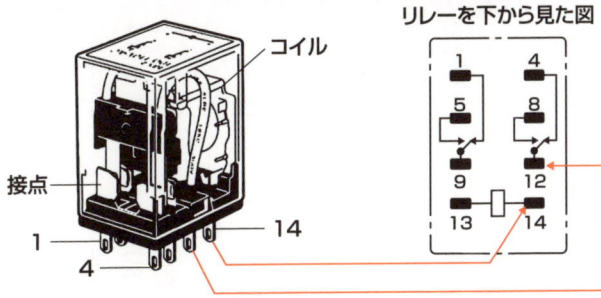

コイル
接点
1
4
14

リレーを下から見た図

1　4
5　8
9　12
13　14

(OMRON MY2)

図2 リレーソケットの例

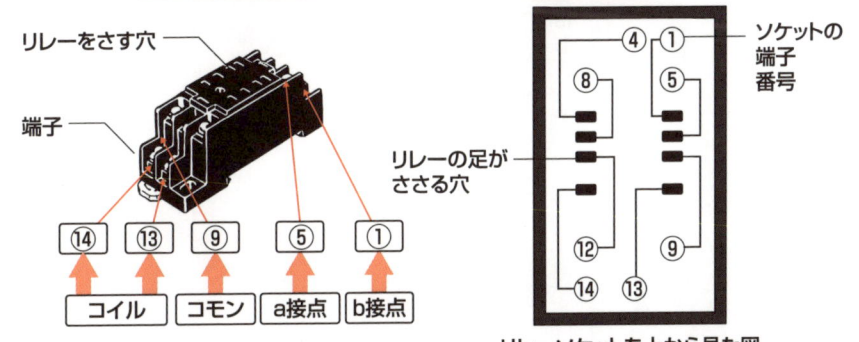

リレーをさす穴
端子

⑭ ⑬ ⑨ ⑤ ①
コイル　コモン　a接点　b接点

ソケットの端子番号
リレーの足がささる穴

④ ①
⑧ ⑤
⑫ ⑨
⑭ ⑬

リレーソケットを上から見た図
(OMRON PYF08A)

図3 リレーソケットを使った配線

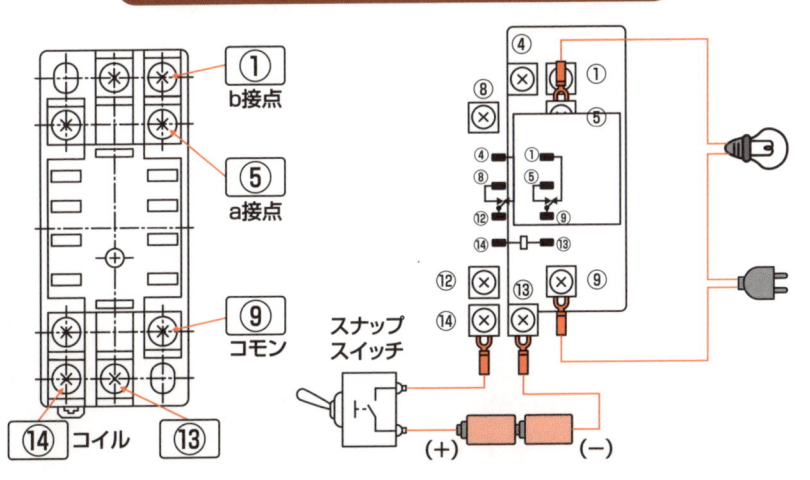

① b接点
⑤ a接点
⑨ コモン
⑭ コイル ⑬

スナップスイッチ
(+)　(−)

18 リレー回路と配線作業

リレー回路図を使った実際の配線のしかた

リレーの配線をするには、まず電気回路図を作ってから、その回路図の通りに配線をします。配線をする前には、接続する線に番号を割り振ってどこに配線をしたのかが分かるようにします。

ここで、回路図上の接点の記述は、リレーコイルに電圧がかかっていないときの状態を記述してあるという約束になっているので、図で開いている接点はa接点に接続し、図で閉じている接点はb接点に接続します。回路図では離れた場所に接点が記述されますが、実際のリレーの配線では、同じリレー番号のものは同じ1つのリレーの端子まで電線を引っ張ってきて配線接続します。

すなわち、電気回路図の中では、設計者の都合のよい場所にリレーコイルや接点を記述しますが、実際には、同じ名前が付いているコイルや接点は1つの同じリレーの端子に配線されることになります。

図1はリレーを使った電気回路の例です。後ほど説明しますが、このリレー回路は自己保持回路と呼ばれている形の回路構造になっています。

一応動作を説明しておきます。スイッチSW₁を押してリレーR₁のコイルがオンすると、リレーR₁が自己保持になってSW₁の接点が開いてもリレーR₁はオンしたままの状態を保持します。この回路ではR₁がオンするとランプLが点灯するようになっています。スイッチSW₂が押されると、リレーR₁の自己保持が解除されて、ランプも消灯します。

図1の電気回路は図面では比較的単純な形をしていますが、実際に配線するとなると、図2のようにかなり複雑になってきます。配線ははんだ付けや圧着端子を使います。電気回路図に配線の番号をふって、実際の配線のときに絶縁チューブにその番号をつけて誤配線を防止します。通常は配線ダクトをつけて余分な線はダクトの中にしまって外から見えないようにしておきます。

要点BOX
- 接続前に線に番号をつける
- 同じ接点のものは同じ1つのリレーに配線
- 実際の配線は複雑、誤動作に注意

図1 電気回路図（自己保持回路）

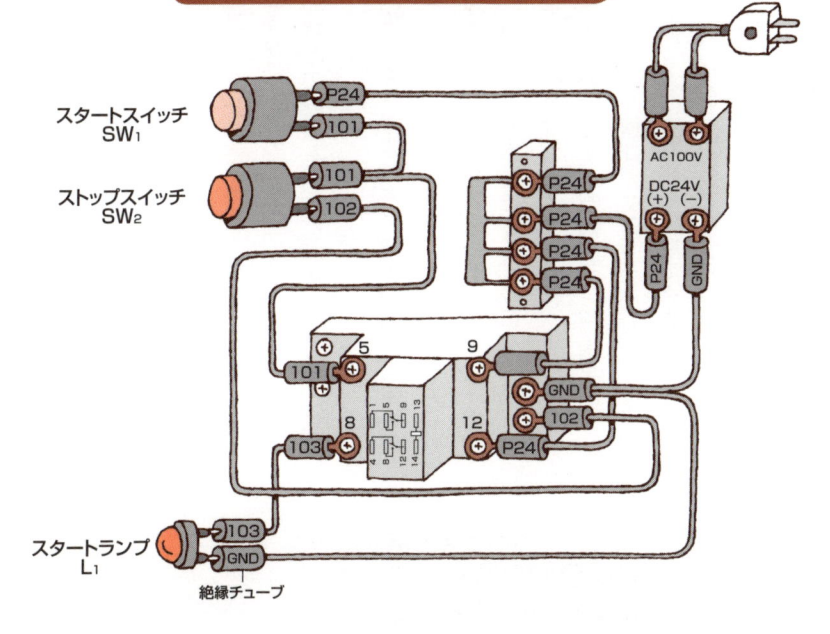

図2 実態配線図（自己保持回路）

●第2章　リレーの使い方を学ぶ

19 リレーで機器の制御はなぜできる

リレーの重要な3機能

　リレーにはリレーコイルと接点しかありません。しかし、これだけの機能で、リレーを使えば複雑な機器の制御ができてしまうのです。その理由は、リレーには制御回路を構成するための3つの重要な機能が備わっているからです。

　一つ目は、信号の置換え機能です。機械を操作するときにはスイッチのオンオフ信号を使います。そして機械が動作するとセンサのオンオフ信号が発生します。これらのオンオフ信号をリレーの接点の動作に置き換えることができるので、スイッチやセンサの信号をリレーで作る制御回路に組み込むことができるのです。そして、リレーの置換え機能の中のインタフェース機能を使うと、制御回路で作った出力信号でランプやモータ、ソレノイドやシリンダといった機器のオンオフの切替えができるようになります。

　さらに、タイマリレーを使うことで、単純にオンオフ信号をリレーの接点で置き換えるだけでなく、す

こし時間を遅らせた信号を作ることができます。タイマリレーはコイルに電圧をかけてから少し時間をおいてリレー接点が切り替わるものです。このタイマリレーを使うと時間の経過を制御に利用できるようになります。

　二つ目は論理演算機能です。機械の制御回路を作るためには、論理演算ができなくてはなりません。リレーはa接点とb接点の組み合わせでAND・OR・NOTの論理回路を構成できるようになっていますから論理演算ができるのです。

　三つ目は記憶機能です。制御回路には信号のオンオフを記憶しておく機能が必要です。リレーで自己保持回路を使って記憶回路を構成できます。

　このように、リレーには機器の制御に必要な、置換え機能・論理演算機能・記憶機能が備わっているので、リレーで作った制御回路の出力信号で実際の機械を制御できるのです。

要点BOX
- ●リレーには信号の置換え機能がある
- ●リレーは論理演算機能をもつ
- ●リレーは記憶機能が備わっている

リレーの重要な3要素

リレー制御回路

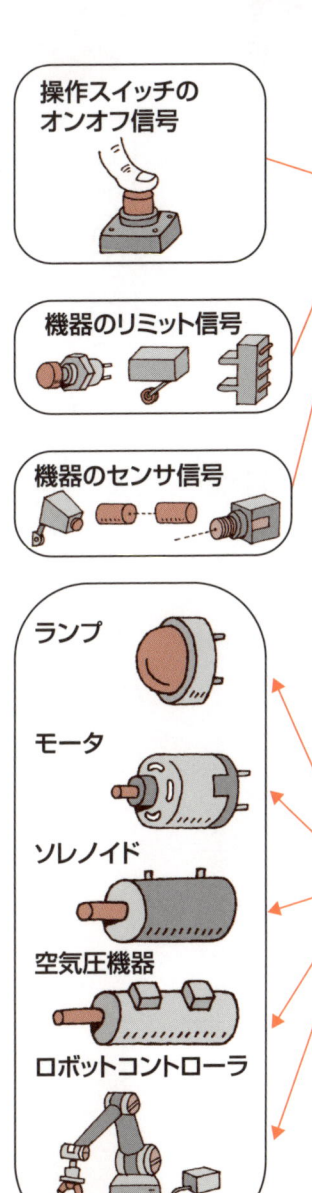

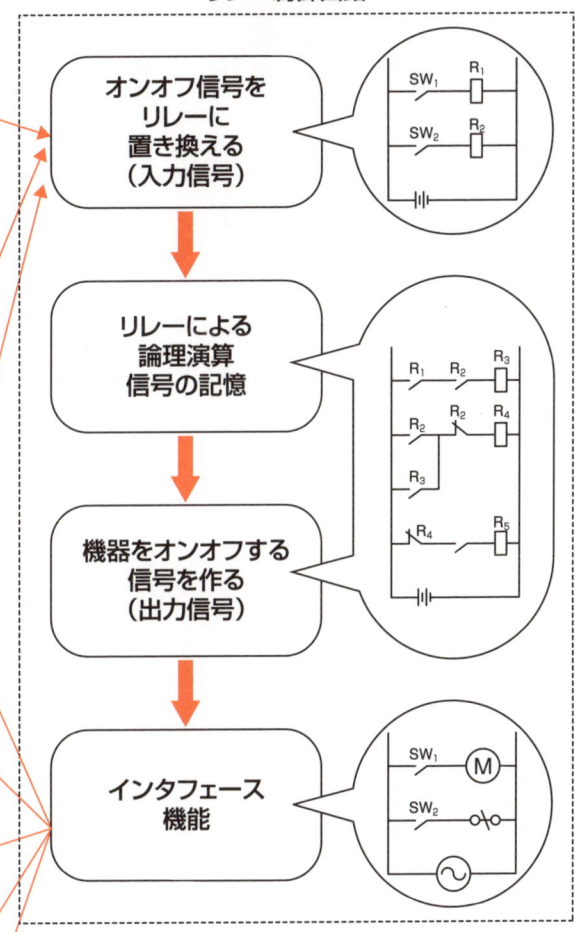

- 操作スイッチのオンオフ信号
- 機器のリミット信号
- 機器のセンサ信号

↓

オンオフ信号をリレーに置き換える（入力信号）

↓

リレーによる論理演算信号の記憶

↓

機器をオンオフする信号を作る（出力信号）

↓

インタフェース機能

- ランプ
- モータ
- ソレノイド
- 空気圧機器
- ロボットコントローラ

●第2章　リレーの使い方を学ぶ

20 リレーの機能①（接点信号の置換え機能）

リレーはコイルを動作する接点信号をリレーの接点の動きに置き換える役割をしています。スイッチの信号をわざわざリレーの接点信号に置き換えるのは、それなりにメリットがあるからです。

一つ目のメリットは、スイッチの信号をリレーのコイルにつないで新たな接点信号にすることで、接点のオンオフ信号を中継できることです。図1(a)のように、オンオフ信号を長い距離送ると電圧が降下します。このようにとても遠くの電球を点灯しようとしても電線の抵抗の影響で電圧が下がってしまって点灯できません。そこで図1(b)のように、長い電線の途中にリレーを使って中継して信号の強さを回復します。リレーはもともとこのような有線信号の中継に使われたので継電器とも呼ばれます。

二つ目に、操作接点の保護機能があります。有接点スイッチのような機械的な接点は、大きな電気の入り切りを繰り返していると劣化してしまいます。た

とえば図2(a)のように小さなスイッチでモータの電源を直接入り切りすると接点がすぐに傷んでしまいます。そこで、図2(b)のようにスイッチでリレーのコイルをオンオフして、実際にモータを動かす大きな電気の入り切りはリレーの接点で行うようにすると、スイッチの保護に役立ちます。ソケット式のリレーになっていればリレーの接点が劣化しても簡単に交換できます。

接点をリレーに置き換える三つ目のメリットは、接点の数を増やせることです。a接点が1つしかないスイッチの信号をリレーに置き換えることはできませんが、接点を2カ所で使うことはできませんが、接点をリレーに置き換えれば、たくさんの接点を使えるようになります。図3のように、a接点が1つしかない押しボタンスイッチをリレーで置き換えれば、リレーの接点は押しボタンスイッチと同じ動きをするので複数のa接点を使うことができるようになります。さらに、リレーにはb接点もありますから、同時にb接点も増設したことになります。

接点の置換え機能のメリット

要点BOX
- 中継機能で信号の強さ回復
- 保護機能で接点の劣化防止
- スイッチの接点の数を増設できる

図1 中継機能

電線の抵抗

SW

電圧V

(a)

電圧Vが小さくなってランプが点灯しない

継電　　　　　継電

SW ── R_1 ── R_1 ── R_2 ── R_2 ── ⊗

(b)

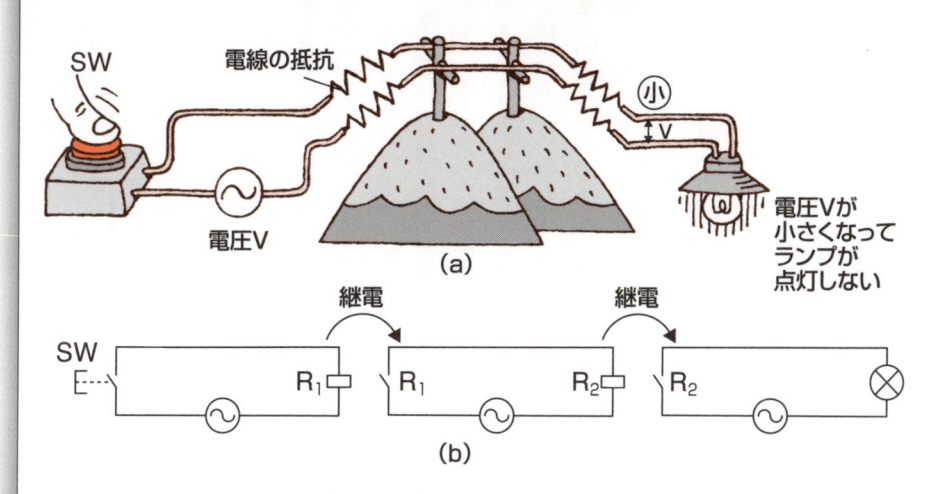

図2 操作接点の保護

操作スイッチ TS

直接モータの電源をオンオフすると、スイッチの接点が劣化する

(a)

R_{10}　R_{10}　モータ M

TS

スイッチの動作をリレーに置き換えてリレーの接点でモータを駆動する

(b)

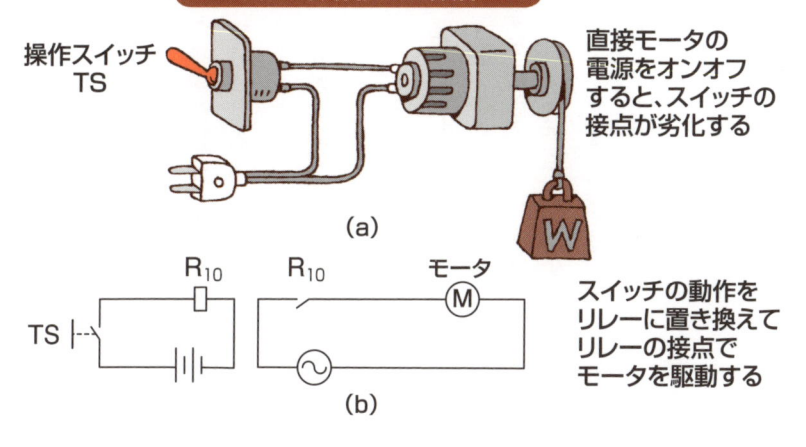

図3 1つの接点で2種類の機器をオンオフ

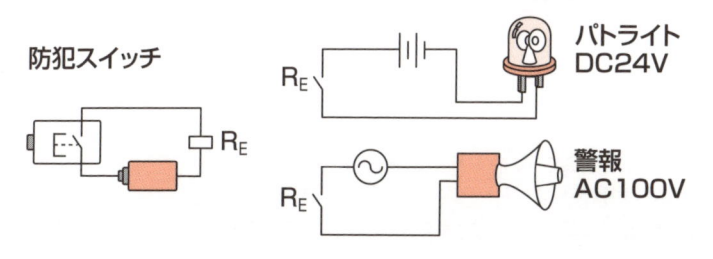

防犯スイッチ

R_E

R_E ── パトライト DC24V

R_E ── 警報 AC100V

●第2章 リレーの使い方を学ぶ

21 リレーの機能② (論理演算機能)

AND・OR・NOTの論理回路が簡単に作れる

リレーで、電気的な論理演算ができます。すなわちリレーを使って論理演算の基本となるNOT回路、AND回路、OR回路を簡単に作ることができるのです。

NOT回路は、接点の特性を逆にすることで実現できます。図1のようにa接点のスイッチをリレーで置き換えるとb接点の信号を使えるようになります。逆にb接点しかない押しボタンスイッチのNOT演算はa接点を使えばリレーコイルを動作して、そのリレーのb接点の信号でリレーコイルを動作して、そのリレーのb接点の信号を作ることができます。押しボタンスイッチが押されていないときにオンになるb接点の信号を作ることができます。

AND回路は、リレーの接点を直列に接続して実現できます。図2は、SW₃をR₃で置き換え、SW₄をリレーR₄で置き換えて、その接点を使って、論理演算をしているものです。R₅に接続しているR₃とR₄はa接点

が直列に接続されているので、R₃とR₄のAND演算の結果がR₅になります。また、R₆はR₃とR₄が並列に接続されているので、R₆はR₃とR₄のOR演算の結果になります。

複雑な論理演算の結果をリレーのコイルで置き換えると、オンオフの条件を1つにまとめられるようになります。図3(a)はR₁~R₄の接点が全て閉じたときにランプL₁が光るようになっています。接点のうち、1つでもオフになるとL₁は消灯してL₂が点灯します。この回路をリレーR₇を使って書き変えてみます。R₁~R₄の接点が全てオンになったときにリレーR₇のコイルがオンするようにします。するとR₇のa接点でL₁を点灯してb接点でL₂を点灯すればよいので電気回路が単純になります。このように、複雑な論理回路はリレーで置き換えるとすっきりした回路にできるのです。

リレーを使うと制御に必要な、論理演算回路を簡単に作ることができます。

要点BOX
- ●NOT回路は接点の特性を逆に使う
- ●AND回路はリレー接点を直列接続して実現
- ●置換えで複雑なオンオフを1つにまとめる

図1 リレーのb接点を使ったNOT演算

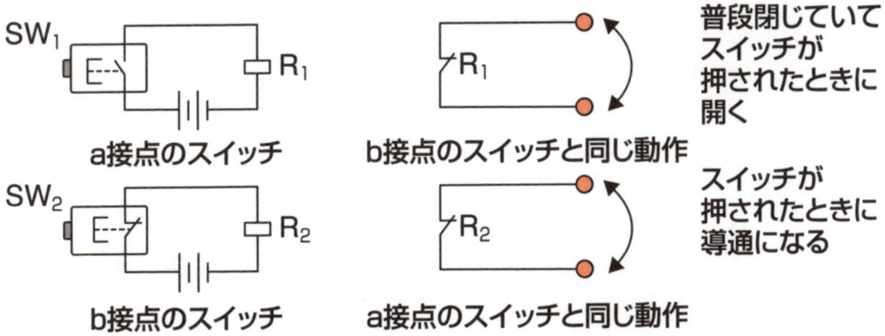

a接点のスイッチ

b接点のスイッチと同じ動作 — 普段閉じていてスイッチが押されたときに開く

b接点のスイッチ

a接点のスイッチと同じ動作 — スイッチが押されたときに導通になる

図2. リレーの接点を使ったAND演算とOR演算

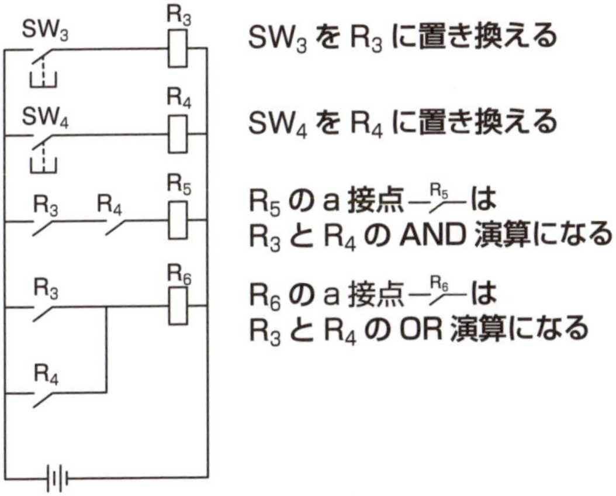

SW_3 を R_3 に置き換える

SW_4 を R_4 に置き換える

R_5 のa接点 は R_3 と R_4 のAND演算になる

R_6 のa接点 は R_3 と R_4 のOR演算になる

図3 複雑な論理演算をリレーに置き換える

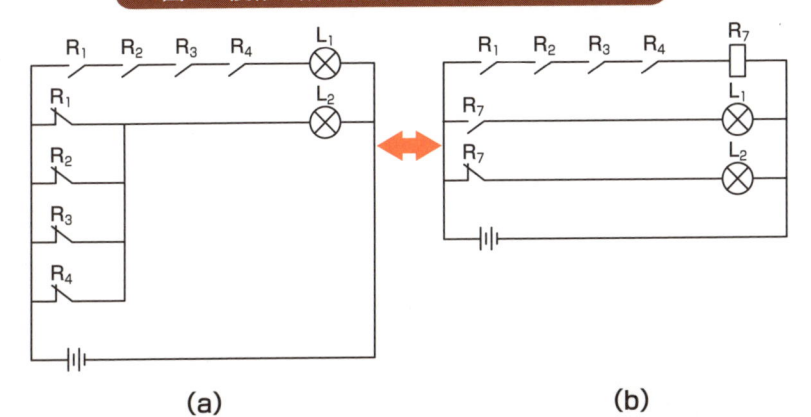

(a)　(b)

●第2章　リレーの使い方を学ぶ

22 リレーの機能③（自己保持回路による記憶機能）

自己保持機能で信号の変化を記憶

リレーを使った自己保持回路という回路構造にすることで、オンオフ信号を記憶する機能を作れます。

図1の回路は自己保持回路になっています。リレーRのコイルをオンするスイッチと並列にリレーRのa接点が接続されています。SWが押されてコイルがオンすると、リレーのa接点が閉じて、その a接点を電流が通ってリレーコイルに電流を流します。そのために、SWの接点が開いてもリレーがオンしたままになるのです。リレー自身の接点を使ってリレーのコイルのオン状態を保持するので自己保持と呼ばれています。

図1の回路では、スイッチSWを指で押すと、リレーRのコイルがオンします。いったんコイルがオンすると、スイッチから指を離してSWの接点がオフになってもリレーRのコイルはオンしたままになります。自己保持を解除して元のリレーがオフした状態に戻すには、リレーコイルに流れている電流をいったん断ち切って、コイルをオフにします。

図1の回路では電源が正常に動作している間リレーは自己保持になったままになります。もし、DC電源が電池ならば、電池をいったん抜き取ってしまえばもとに戻ります。

図1の配線を電気回路図で表現したものが図2です。SWとRのa接点が並列に配線されています。自己保持回路はリレーコイルをオンした状態に保つものですが、この回路がもつ制御上の意味を考えてみましょう。

リレーRがオンしているということは、過去に少なくとも1回はスイッチSWを押した人がいるということを表しています。言い換えると、リレーRは、SWがオンしたことを記憶していることになります。すなわち、SWのオン信号を記憶しているのです。

このように、自己保持回路で信号の変化を記憶しておく回路を作ることができるのです。

要点BOX
- ●自己保持回路の電気回路
- ●押されたスイッチを離してもリレーはオン保持
- ●自己保持回路は記憶回路でもある

図1　自己保持の動作順序

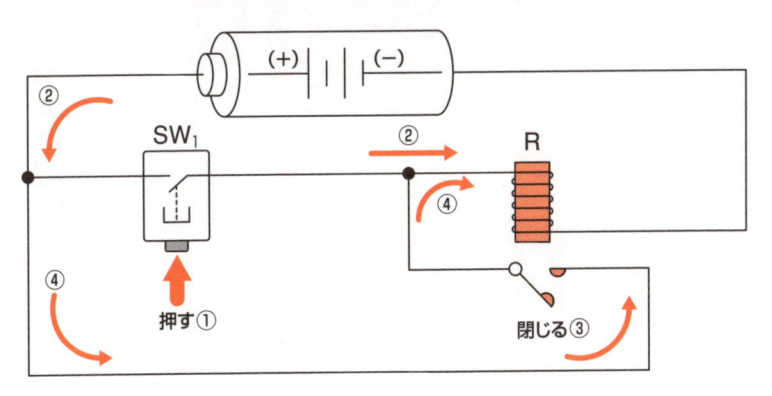

① のSW₁を押す。
② 電流がSW₁を通ってリレーコイルに流れる。
③ リレーコイルが励磁してリレーのa接点が閉じる。
④ 閉じたリレーのa接点を通って電流がリレーコイルに流れる。
　　SW₁がオフになってもリレーコイルはオンしたままになる。

図2　自己保持回路の電気回路図

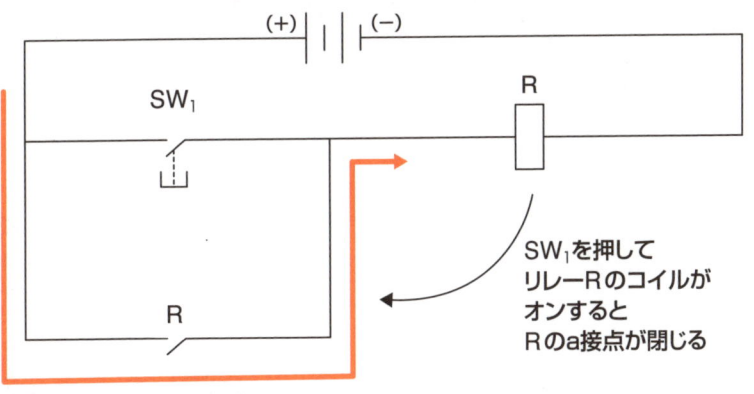

SW₁を押して
リレーRのコイルが
オンすると
Rのa接点が閉じる

Rのa接点を通る電流が
Rのコイルをオンし続ける

23 自己保持回路の開始条件と解除条件

リレーを自己保持するための開始条件と解除条件

図1は2つのスイッチを使った自己保持回路で、SW₁でリレーR₁が自己保持になって、SW₂で自己保持が解除されるようになっています。このように自己保持回路は自己保持にするための開始条件と、もとの保持していない状態に戻す解除条件があります。開始条件は普段開いているa接点が使われることが多く、解除条件は普段閉じているb接点がよく使われます。

一般的な自己保持回路は図2のようになります。自己保持回路を単なるリレーのコイルをオンしておくための保持回路としてみるとすれば、オンにするのが開始条件でオフにするのが解除条件になります。

一方、自己保持回路を信号の記憶という意味で見るのであれば、開始条件の部分に記憶したい信号を書きます。解除条件にはその記憶を消す信号を反転して書きます。記憶しておきたい信号は普段はオフの状態にあることが多いのでa接点になり、記憶を保持する条件は、普段導通していることが多いb接点になっているものをよく見かけます。

自己保持回路では、記憶を保持する条件が整わなければ記憶できないようになっています。そういう意味では、記憶を保持する条件は、自己保持回路が成立するための条件になっています。そこで、図3のように自己保持回路の一般的な構造を表現できます。記憶を保持する条件の部分を自己保持回路の生存条件と呼ぶことがあります。記憶を保持する条件にするときは、a接点になることが多いと言えます。

図4は商品の品種判別装置のシーケンス回路です。品種1の選択スイッチがオンしているときに、装置に品物を入れて品種1判別センサがオンしたら、良品と判断してR₁がオンします。R₁は自己保持になるので、品物を取り出しても良品信号が残ります。この信号を切るには品種1選択スイッチをいったんオフにします。品種2はR₂に記憶しています。

要点BOX
- ●一般的な自己保持回路
- ●自己保持回路の開始条件と解除条件
- ●自己保持回路を使った品種判別

図1　2個のスイッチによる自己保持回路

SW₁で自己保持が開始して
SW₂で解除する

図2　自己保持回路の要素の意味

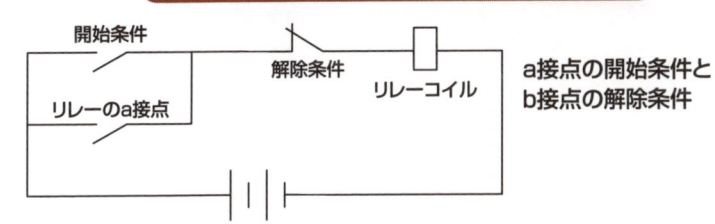

a接点の開始条件と
b接点の解除条件

図3　自己保持回路の一般的な構造

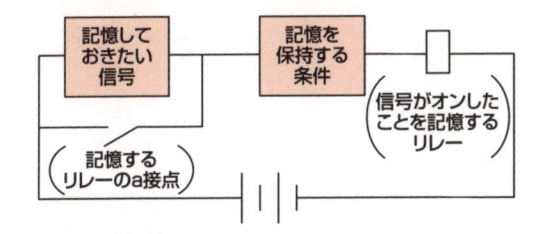

図4　自己保持回路を使った品種判別

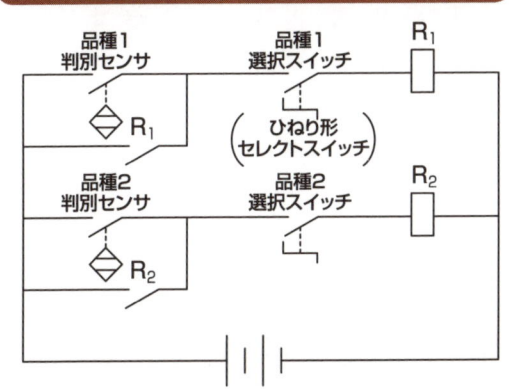

●第2章 リレーの使い方を学ぶ

24 タイマリレーの使い方

動作時間が設定できるタイマリレー

タイマリレーには電磁リレーと同じように、コイルと接点があります。電磁リレーとの違いは、接点の切り替わるタイミングがタイマの設定時間だけ遅れることです。

図1はタイマリレーの回路記号です。タイマリレーのコイルは電磁リレーと同じ長方形の記号で記述しますが、接点は傘を付けた形にします。この傘のマークは、パラシュート効果といわれ、空気の抵抗でゆっくりと進むイメージになっています。タイマリレーのコイルに通電すると、接点がゆっくり動いて、設定した時間が経過すると接点が切り替わるというものです。一方、コイルの通電を切ったときにはパラシュート効果がないので、すぐに復帰して接点はもとの状態に戻ります。この復帰動作は電磁リレーと同じです。

図2は押しボタンスイッチSW₁でタイマリレーT₁のコイルに通電し、T₁の接点でランプL₁を点灯する制御回路です。スイッチを押してもすぐにランプは点灯せずに、2秒間押し続けてはじめて点灯します。スイッチを離すとすぐにランプは消えてしまいます。

図3は、スイッチSW₂を押すと、電磁リレーR₂がすぐに自己保持で動作するので、R₂が自己保持になっているa接点で動作するので、R₂が自己保持になっているa接点で動作するので、タイマリレーのコイルと並列に接続しているので、R₂が自己保持になるとタイマリレーのコイルにも通電します。するとタイマリレーが時間を計測しはじめ、60秒が経過するとタイマのb接点が開きます。このb接点は、自己保持回路の解除条件になっているので、R₂の自己保持が解除されてモータも停止します。

結局モータは、R₂が自己保持になってから切れるまでの60秒間だけ回転していたことになります。

タイマを使うと図2のようにオンする時間を遅らせたり、図3のようにオフする時間を遅らせたりできるようになります。

要点BOX
- ●タイマのコイルと接点の記述
- ●スイッチを押して2秒後に点灯するランプ
- ●60秒で自動停止するモータ

図1　タイマのコイルと接点の記号

タイマリレーコイル　　タイマa接点　　タイマb接点

（パラシュート効果）

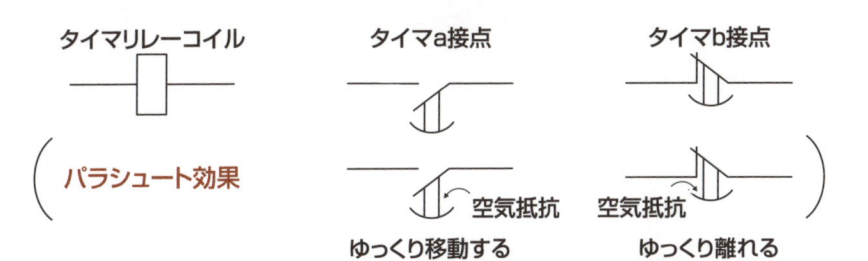

空気抵抗　ゆっくり移動する　　空気抵抗　ゆっくり離れる

図2　スイッチを押して2秒後に点灯するランプ

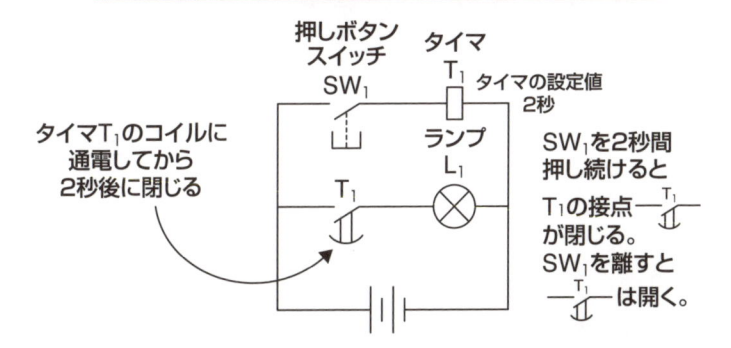

押しボタンスイッチ SW₁
タイマ T₁
タイマの設定値 2秒
ランプ L₁

タイマT₁のコイルに通電してから2秒後に閉じる

SW₁を2秒間押し続けるとT₁の接点が閉じる。
SW₁を離すと ─┤T₁├─ は開く。

図3　自己保持回路の電気回路図

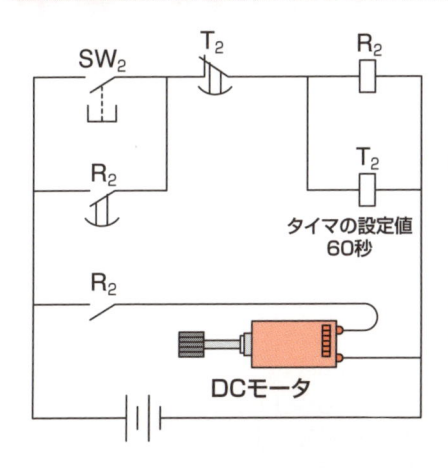

SW₂　T₂　R₂
R₂　　T₂
タイマの設定値 60秒
R₂
DCモータ

SW₂を押すとすぐにR₂が自己保持になってDCモータが回転する。タイマのコイルに通電すると時間をカウントしはじめて60秒経過したときにT₂のb接点が開いて自己保持が解除され、モータは停止する。

● 第2章 リレーの使い方を学ぶ

25 自己保持回路を使ったシーケンス制御

自己保持回路を使ったベルトコンベアの制御

図1は、リレーR_0を使ってベルトコンベアのオンオフを行うシーケンス制御の例です。押しボタンスイッチSW_1を押すと、R_0が自己保持になります。すると、モータに接続しているR_0のa接点が閉じるのでモータが回転してベルトコンベアが起動します。その後SW_2が押されると、R_0の自己保持が切れるので、R_0のa接点はオフになり、ベルトコンベアは停止します。

図2の装置ではSW_1が押されるとR_0が自己保持になってベルトコンベアが起動しますが、ベルトコンベアに載せられているワークが矢印の方向に移動して、ワーク検出用光センサPH_2がワークを検出すると、R_0の自己保持が解除されます。ワークがセンサの真下にあって、センサPH_2がワークを検出している間はSWを押してもコンベアは動きません。作業者がワークを取り除くと、SW_1でコンベアを再起動できます。

図2の装置は、図1のSW_2を光センサPH_2に変更しただけですが、ワークを光センサの位置まで移動して停止する目的をもった自動化装置と言えます。

図3は光センサがオンしたときにすぐに停止するのではなく、1秒間が経過してからコンベアを停止する回路です。タイマの接点が働くまでにワークが光センサを通過しなければ、このように、光センサの信号で直接タイマリレーのコイルを動作させればコンベアはすこし遅れて停止します。

しかしながら、タイマの時間を5秒とかに長くすると、ワークが通過して、コンベアが止まらなくなってしまいます。

このような場合には、図4のように、光センサでワークを検出したことをR_1の自己保持回路で記憶しておき、その時点からタイマT_2で時間をカウントして5秒後にタイマT_2の接点が切り換わるようにします。タイマT_2の接点でR_1の自己保持を解除してコンベアを停止します。同時にR_2の自己保持もR_1の接点で解除されます。

要点BOX
- ●ワークを検出して停止するベルトコンベア
- ●ワークを検出すると1秒後に停止する
- ●ワークを検出してから確実に5秒後に停止する

図1　自己保持回路によるベルトコンベアの制御

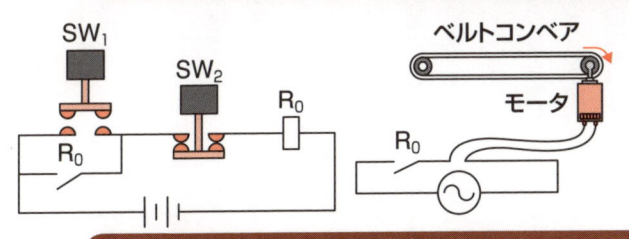

自己保持回路によるベルトコンベアの制御

図2　ワークを検出して停止するベルトコンベア

ワークを検出して停止するベルトコンベア

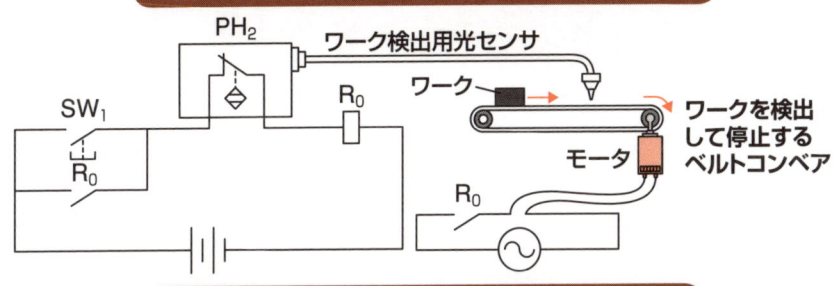

図3　ワークを検出してから1秒後に停止

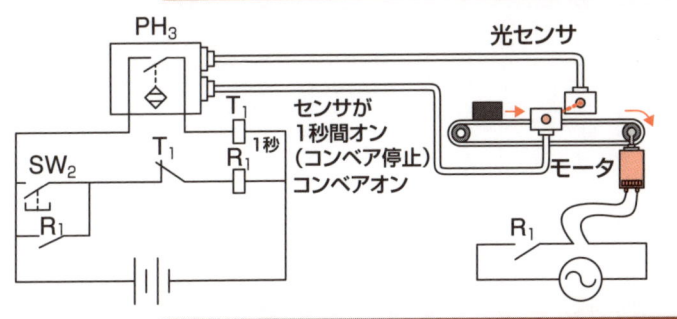

センサが1秒間オン（コンベア停止）
コンベアオン

ワークを検出してから1秒後に停止するベルトコンベア（ワークがセンサを通過しなければ停止する）

図4　ワークを検出してから5秒後に停止

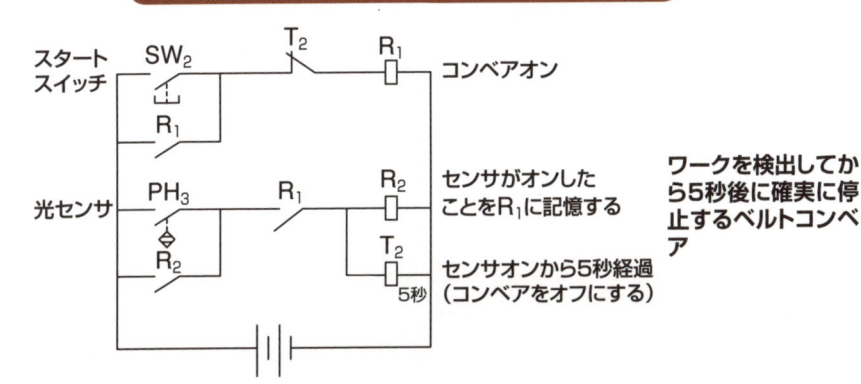

スタートスイッチ
コンベアオン
光センサ
センサがオンしたことをR_1に記憶する
センサオンから5秒経過（コンベアをオフにする）

ワークを検出してから5秒後に確実に停止するベルトコンベア

● 第2章 リレーの使い方を学ぶ

26 記憶回路がないとできないシーケンス制御

シーケンス制御には記憶回路が必要

シーケンス制御には記憶を使います。たとえば工場の機械が、スタートボタンを押さないのにいきなり動き出すとしたらは危険です。スタートボタンが押されたという記憶があるときにだけ機械が動くようにしなくてはなりません。

エレベータの制御ではどうでしょうか。エレベータが目的階に到着したときの信号は、①エレベータが目的階にいる、②ドアが閉まっている、という2つの信号です。ドアがいったん開いて閉まったときの状態も到着したときと同じで、①目的階にいる、②ドアが閉まっているという同じ2つの信号が出ています。

この場合、エレベータの信号だけでは人が乗り降りしたかどうか分かりません。すなわち、①と②の信号だけでは、次の階に移動するのか、これからドアを開けるのかという判断ができないのです。このときに必要な信号は目的階でドアが一度開いたという記憶です。この記憶がないときにはドアを開けて、記憶が

あれば次の階に移動します。

このように、シーケンス制御の多くは、記憶の手段がないと制御できないということになるのです。

それ以外にも、エレベータの呼び出しボタンを一度押せば、それが記憶されてエレベータを呼び続けてくれています。また、エレベータに乗ってから行き先階を指定した信号も記憶されます。このように、記憶回路はシーケンス制御にとって重要な要素なのです。

自己保持回路は一度オンした信号を記憶しておくことができる回路です。自己保持回路のリレーがオンしていれば、必ず自己保持の開始条件の信号が一度はオンしたことを意味します。すなわち、開始条件の信号がオンしたことを記憶していることになります。スタートスイッチで起動する装置は、スタートスイッチが押されたことを記憶して制御しています。照明が点灯していたりコンベアが動いていれば、誰かがスイッチを入れたことがわかります。

要点BOX
- ●エレベータで記憶回路の必要性を考える
- ●記憶手段がないとシーケンス制御はできない
- ●記憶回路はシーケンス制御にとって重要な要素

記憶回路がないとシーケンス制御はできない

①エレベータが目的階にいる

②ドアが閉まっている

ドアが開く？
次の階に移動する？

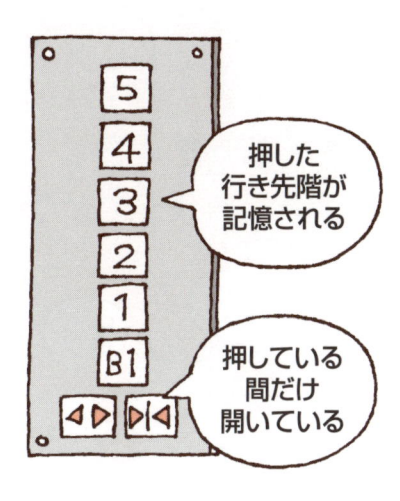

呼出スイッチ
（一度押すと記憶する）

押した行き先階が記憶される

押している間だけ開いている

Column

人も記憶を使ったシーケンス制御で動いている

私たちの身の回りにある家電製品は、私たちが順番に操作ボタンを押して、機械を動かしているので、私たち自身がシーケンス制御のコントローラとして機能していることになります。普段はなにげなく携帯電話を使っていますが、携帯のスイッチを入れて電話帳を開き、相手に電話をしたり、メールをしたりする動作は私たちが記憶を使って携帯電話を扱うシーケンス制御をしているのです。

携帯電話のメニューを開いたときに、目的を忘れていたらどうでしょう。メニューの中のどの機能を選択するのか分からないということになります。

メールを打つにも、［携帯電話を手にとる］→［メニューを開く］→［項目を選ぶ］→［タイトルと本文を作る］→［相手先を選ぶ］→［送信する］というシーケンス制御の動作ですが、この動作は記憶がなければ成り立たないことが分かるでしょう。

このように普段なにげなく行っている私たちの身体運動はほとんどが記憶に基づいた私たちの制御というシーケンス制御によって成り立っています。

これと同じように機械を制御するときにも、記憶する機能がないと制御できないことが起こるのです。

スイッチを押している間だけモータを回転させるというような簡単な制御はAND、OR、NOTというような、基本的な論理演算回路の組み合わせて作ることができます。このとき、停止信号や異常信号が入っていないときにだけ動作するという条件をつけたり、すこし複雑な機械装置を制御するためには、論理演算の機能だけでなく、信号を記憶する機能が必要になります。

機械の順序制御でもどこまで動作したのかを記憶しておくことが必要になるのです。そのほかにも、モード切り替えの信号や、異常が発生した信号なども記憶しておく必要があります。

64

第3章

PLCのしくみと使い方

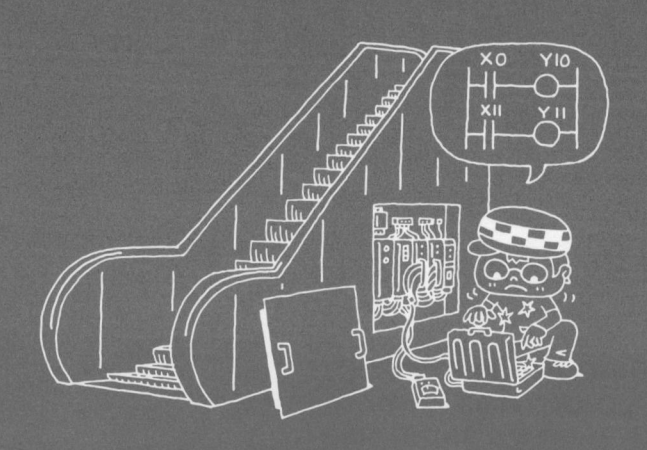

● 第3章　PLCのしくみと使い方

27 PLCって何？

リレーを使った論理回路がプログラムでつくれる装置

プログラマブルコントローラは、日本国内の呼び方で、Programmable Controllerのかしら文字をとってPCと記述します。ところがPCという呼び方はパーソナルコンピュータと間違えやすいので、プログラマブルコントローラの他に、PLC（ピー・エル・シー）、あるいはシーケンサと呼ばれることがよくあります。欧米ではProgrammable Logic Controller（PLC）と呼ばれています。Logicは論理演算で、リレーを使った論理演算ができる制御機器であることを意味しています。

プログラマブルコントローラという言葉を、そのまま訳すと、「プログラム可能な制御装置」ということになってしまい、ソフトウェアで制御できる装置であれば何でもそれに当てはまるような気がしてきますが、実際には、「リレーシーケンス回路をプログラムで実現できる制御装置」という位置づけになります。

一方、PLCを翻訳すると、「（リレーを使った）論理回路がプログラムで作れる制御装置

なるのでプログラマブルコントローラの機能をよくいい表しているといえるでしょう。この意味で、国内でもPLCと呼ばれることが多くなってきました。本書でもPLCという呼び方をします。

PLCはシーケンス制御専用の制御装置で、リレー回路をソフトウェアに置き換えることができるようにした制御装置です。パソコンのソフトウェアなどを使ってリレー回路を作り、PLCに転送します。PLCにプログラムを書き込めば、PLC単独で制御動作を行います。PLCのプログラムは、ラダープログラム（ラダー図）と呼ばれ、リレー回路をそのまま記述できるようになっています。

PLCには外部の機器と信号をやりとりする入出力端子があります。スイッチやセンサからの入力信号やソレノイドや電磁リレー、モータなどへの出力信号を入出力端子に接続して使います。

要点BOX
- 日本ではPC、欧米ではPLC
- PLCと呼ばれることが多くなってきた
- リレー回路をソフトに置き換えられる

いろいろなPLC

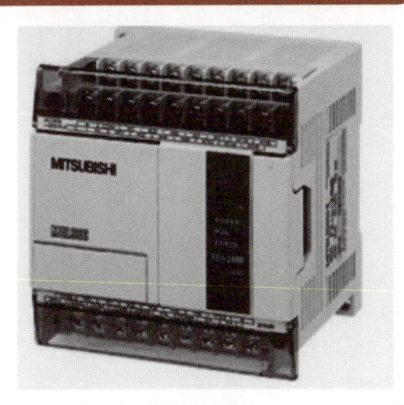

PLCの外観（三菱電機製 FX-1N シリーズ）

PLCの外観（三菱電機製 FX-3U シリーズ）

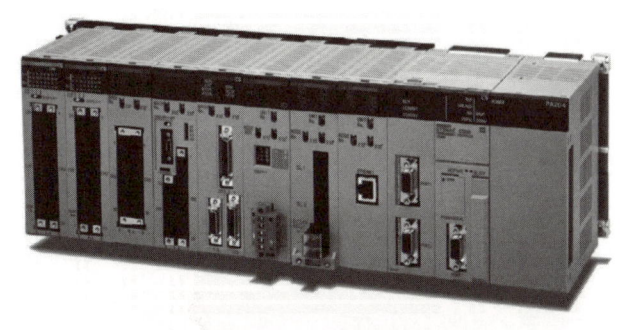

PLCの外観（オムロン製 CS1 シリーズ）

（写真はメーカーカタログより抜粋）

28 なぜPLCが機械装置の制御に使われるのか

自動化装置のほとんどがPLCで制御されている

工場などで活躍している自動化装置（自動機）のほとんどはPLCで制御されています。PLCは自動機の制御装置としてゆるぎない地位を得ています。

PLCが自動機の制御に使われる一番の理由は、過去の自動機の制御がリレーシーケンスで行われてきたという歴史があるからです。そのため、リレー回路のエンジニアが自動機を扱う産業界に圧倒的に多くいるので、リレー回路の知識でコンピュータ制御ができるPLCが好んで使われているのです。

PLCが使われる理由はそれだけではありません。電磁リレーを使った制御方式に比較すると、PLCの方式は、簡単にプログラムや制御動作の変更ができ、たくさんの入出力を制御するときに配線の手間がかからないなど多くの利点があります。また、PLCではタッチパネルを接続したり、パソコンや計測器と通信してデータの受け渡しができたり、通信ネットワークや高精度位置決めのような高度な機能を追加で

きるところも見逃せません。パソコンと比較すると、PLCはとても小さく、制御盤の中にも収めることができ、耐環境性も優れています。また、パソコンのハードディスクのように機械的に動作する記憶装置がないので壊れにくく、停電による突然の停止が起こった場合などにも復旧しやすい構造になっています。

一方、PLCは機械装置を制御するための専用コントローラなので、データ処理・大量のデータファイルの保存機能といった高度なデータ管理機能に関してはパソコンに比べて汎用性がなく、性能も劣っています。そこで、PLCとパソコンとを通信接続してデータ処理をパソコンで行うことによってその弱点を補うという手段もよく利用されています。

このようにPLCにはいろいろな便利な機能がありますが、PLCが使われる一番のポイントは、PLC以外では、リレーを使ったシーケンス制御回路のままプログラムできる制御機器が存在しないということです。

要点BOX
- ●リレー回路の知識でコンピュータ制御が可能
- ●パソコンや計測器とデータの受け渡しができる
- ●小型のため制御盤内に収めて使える

PLCの特長

制御性
- リレー制御の知識で制御プログラムを作成できる
- ラダープログラムは論理回路としても電気回路としても解析できる
- 複数の機械を同時に制御する並列制御ができる

安全性
- 書き込んだプログラムが消えない
- 突然の停電でも壊れにくい
- ハードディスクのような機械的記憶装置がないので壊れにくい

保守性
- プログラムの保存ができる
- 機械の動作状況をモニタできる

製作性
- 発熱が少なく制御盤に格納できる
- コンパクトである
- たくさんの入力信号を接続できる

拡張性
- アナログ、ネットワーク、位置決め、温度調節などの高度な制御機能に対応できる
- パソコンや計測器などとのデータ通信ができる
- タッチパネルを接続できる

接続性
- センサやリレーなどとの接続性がよい
- PLCの入出力に合わせた機器が多く提供されている
- ロボット、センサ、ソレノイドバルブなどとの省配線接続を行うことができる

PLCが使われる理由

●第3章　PLCのしくみと使い方

29 リレー制御とPLC制御の違い

電磁リレーを使って機械の制御回路を構成すると、リレーの配線だけでも大変多くの配線が必要になります。配線の誤りや制御回路の変更や修正が必要になったときにも、配線をやり直すことになるので手間と時間がかかります。

もし、リレーの制御回路の配線をソフトウェアに置き換えることができれば配線の手間が省けるようになります。そういう要求に応えて作られたシーケンス制御専用のコントローラがPLCです。

PLCを使うと、制御する機器の信号線をPLCの入出力用の端子に配線されるので、機器の信号線同士を直接接続するような配線は基本的に必要ありません（非常停止や安全処理などの一部の特殊回路を除く）。このようにすべての機器の入出力信号をPLCに取り込んで、それぞれが機能的に動作するように入出力信号の関連付けを行うというのがPLCの制御方法です。

その入力信号と制御出力の関連付けに使われるのがPLCに書き込むラダープログラム（ラダー図）です。PLCの入出力端子に接続した機器の信号はすべてラダープログラムで処理できます。PLCに書き込むラダープログラムはリレー回路と同じ表現になっているのでリレー制御の知識を使って開発できます。

すなわち、PLCとは、リレーを使って論理演算を行う制御部の配線をソフトウェアに置き換えた制御装置ということになります。

リレー制御で簡単な機械装置の制御をするイメージが図1です。たくさんのリレーが制御盤にあって、制御回路はリレーの配線で行っています。図2は同じ機械装置をPLCで制御するものです。リレーがなくなった代わりにPLCが制御盤に入っています。機械装置の信号線はPLCに接続してあるだけで、その入出力の制御はPLCのプログラムで行うので単純ですっきりした制御盤になっています。

リレーより省配線のPLC

要点BOX
- ラダープログラムはリレー回路と同じ
- リレー制御の場合の配線
- PLC制御の場合の配線

図1　リレー制御の配線

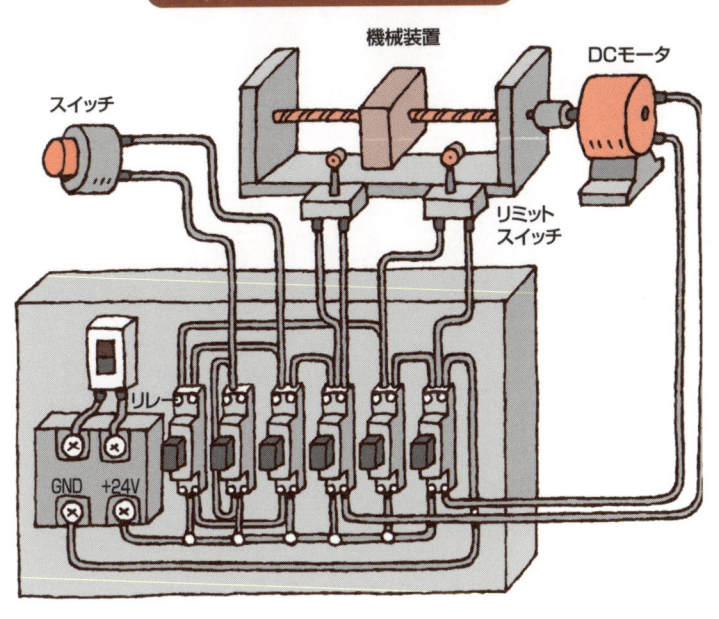

機械装置
DCモータ
スイッチ
リミットスイッチ
リレー
GND　+24V

図2　PLC制御の配線

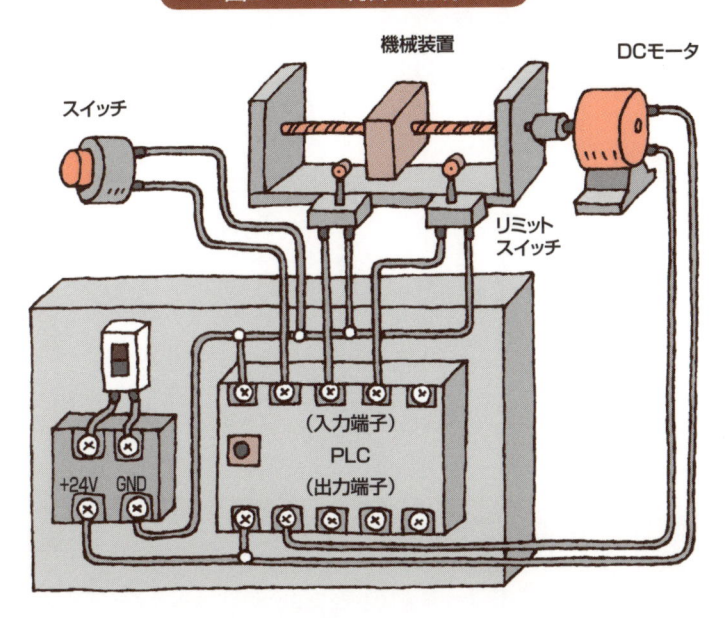

機械装置
DCモータ
スイッチ
リミットスイッチ
+24V　GND
（入力端子）
PLC
（出力端子）

●第3章　PLCのしくみと使い方

30 いろいろなPLC

いろいろなタイプのPLCと特徴

PLCにはいろいろなタイプのものがあります。PLCの機種は組み付け方法によって、パッケージタイプ、ビルディングブロックタイプ、ベース装着タイプに分けられます。図1のパッケージタイプはCPUと電源、入出力ユニットが一体になっているものです。パッケージタイプはPLCの本体に電源とCPUと入出力機能が初めから組み込まれている一体型のものです。パッケージの種類によってCPUや入出力の点数が異なるので制御する機械装置に合わせて機種を選定します。

ビルディングブロックタイプやベース装着タイプでは、電源やCPU、入出力ユニットを自由に組み合わせて選定するようになっています。たとえば、ベースユニットタイプで将来的に入出力が増える可能性があるのであれば、後から別のユニットを装着できるように大きめのベースユニットにしておくなどの配慮が必要です。また、CPUユニットの種類などによってパソコンとの通信方法が異なっていたり、増設できない種類のユニットなどがあるので、CPUや各種のユニットを選定するときには十分に注意します。

図2のビルディングブロックタイプは、中程度のシステムに利用され、図3のベース装着タイプは大規模なシステムや高機能が要求されるシステムに利用されるのが一般的です。ただし小規模であっても拡張性の高いベース装着タイプを選定することもあれば、大規模でも、システムを分割して小さなPLCを複数使った構成にする場合もあります。

PLCの基本的な構成は、電源、CPU、入力、出力の各ユニットを組み合わせたものになります。電源ユニットはPLCのCPUユニットに供給する専用のDC電源を供給するものです。

要点BOX
- ●パッケージタイプ—小規模・限定機能
- ●ビルディングブロックタイプ—中規模用
- ●ベース装着タイプ—大規模・高性能・高拡張性

図1　パッケージタイプのPLC

- 出力端子
- プログラム転送用コネクタ
- I/Oインジケータランプ
- 入力端子
- 外部電源接続端子

図2　ビルディングブロックタイプのPLC

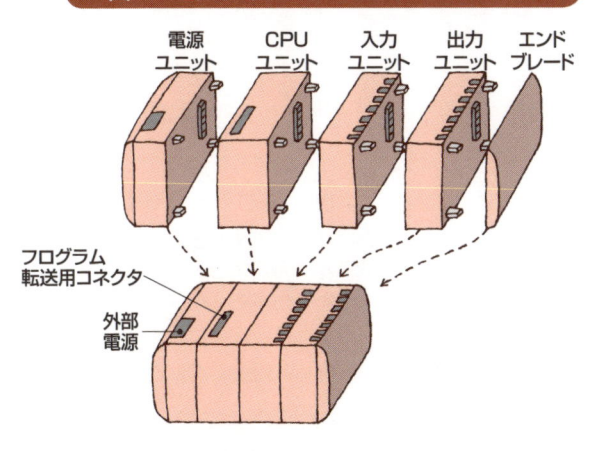

- 電源ユニット
- CPUユニット
- 入力ユニット
- 出力ユニット
- エンドブレード
- プログラム転送用コネクタ
- 外部電源

図3　ベース装着タイプのPLC

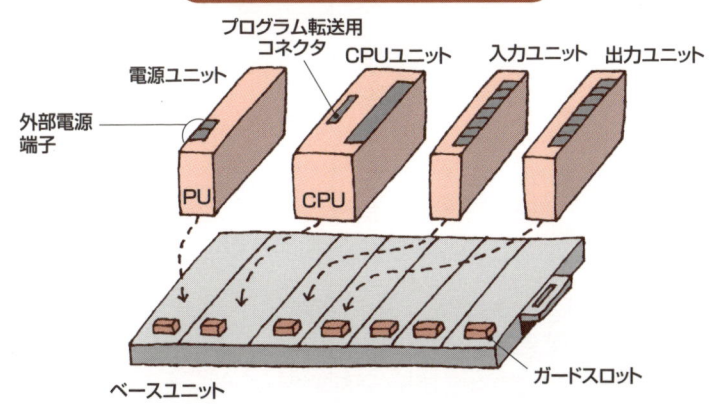

- プログラム転送用コネクタ
- CPUユニット
- 入力ユニット
- 出力ユニット
- 電源ユニット
- 外部電源端子
- PU
- CPU
- ベースユニット
- ガードスロット

● 第3章　PLCのしくみと使い方

31 PLCのプログラミングには何が必要か

> PLCプログラミングには
> プログラムのツールが必要

PLCで制御を行うには、PLC本体のほかに、プログラミングをするためのツールが必要です。

PLCのプログラムはリレー回路の形をしたラダー図で設計しますが、実際にPLCに書き込むときにはラダー図をニーモニックコードに変換して書き込みます。最近ではラダー図をパソコンのプログラムで作り、それを専用のソフトウェアでニーモニックコードに変換してPLCのCPUに書き込むのが主流になっています。

まだPLCの歴史が浅いころは今のようなパソコンがない時代だったので、図1のようなプログラミングコンソールを使ってニーモニックコードを直接PLCに打ち込んでいました。ニーモニックコードは図2のようにラダー図から変換することができますが、プログラミングコンソールでは自動変換できないので、ラダー図を元にしてプログラムする人が自分でコードに変換してそのコードを直接プログラミングコンソールで書き込んでいました。プログラミングコンソールは簡便にプログラムの修正ができるので、現在でも利用されています。

パソコンを使ってプログラミングするときには、プログラム開発ソフトウェアと、パソコンとPLCを接続してプログラムを転送する通信ケーブルが必要です。プログラム開発ソフトウェアは、PLCの製造元がPLCの機種に合わせた専用のソフトウェアとして有償で提供しています。製品によってラダーサポートソフトウェアとか、シーケンサプログラミングソフトウェアとか、ラダーエディタなどと呼ばれています。

このソフトウェアを使って、ラダープログラムを作成します。作成したプログラムはパソコンに保存できます。ラダープログラムは自動変換してニーモニックコードにして、パソコンからPLCに転送します。

作成したラダープログラムをPLCのCPUに転送するには機種によって、RS232C、RS422、USB、イーサネットなどの通信手段を利用して行われます。

要点 BOX
- ●ラダー図はニーモニックコードに変換
- ●コンソールで直接ニーモニックを編集
- ●パソコンでラダー図を作成・自動変換

図1 プログラミングコンソールを使ったプログラミング例

プログラミングコンソール

(入力端子)
(出力端子)

(ニーモニクコードがPLCのCPU部に直接書き込まれる)

プログラミングする人がラダー図をニーモニクコードになおしてキーボード入力する

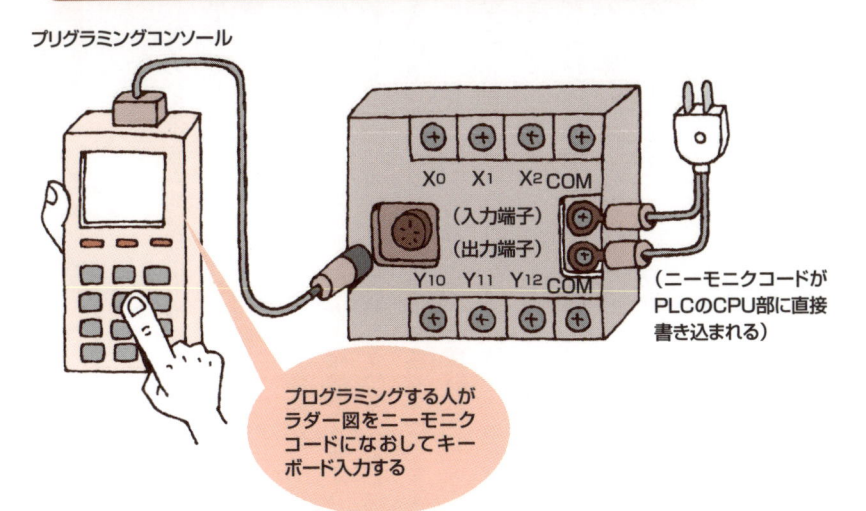

図2 ラダー図からニーモニクコードへの変換例

ラダー図

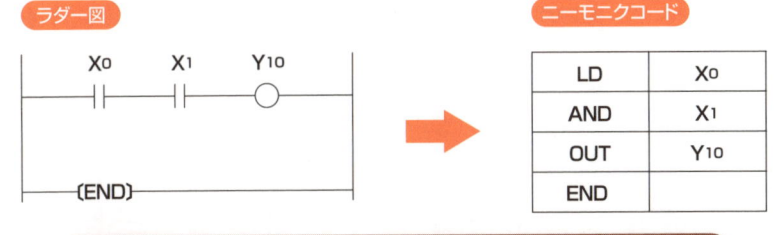

ニーモニクコード

LD	X0
AND	X1
OUT	Y10
END	

図3 パソコンを使ったプログラミング例

プログラミングソフトが自動でラダー図をニーモニクコードに変換してくれる

電源　CPU　入力ユニット　出力ユニット　ベース

プログラムの転送

(ラダー図がニーモニクコードの形式でPLCのCPUに書き込まれる)

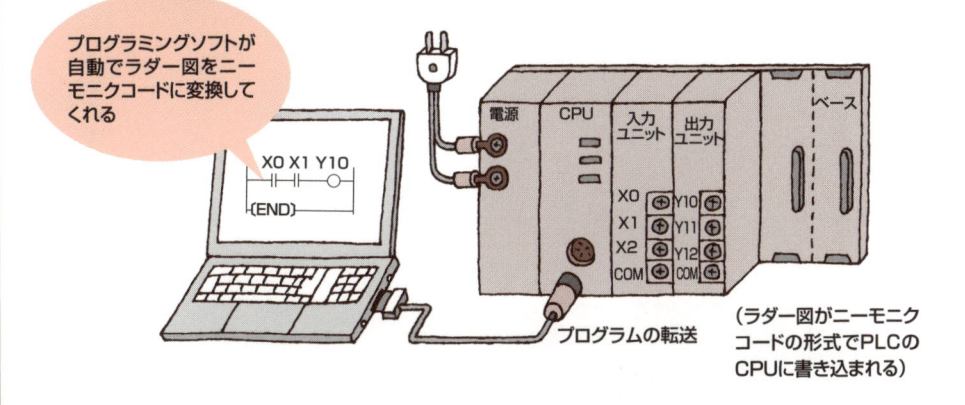

● 第3章　PLCのしくみと使い方

32 プログラム開発ソフトウェアの機能

PLCのプログラム開発ソフトウェアはプログラムを作成してPLCに転送するだけでなく、そのほかにも重要な機能があります。

たとえば、プログラムエラーチェック機能を使って、作成したプログラムに誤りがないかを確認できます。

PLCのハードウェアの動作に関するパラメータを設定するのもプログラム開発ソフトウェアを使います。たとえば、PLCに入出力ユニットを接続したときに、何のユニットを何番に装着したのかという設定を行うことをI／O割り付けと呼んでいますが、そのI／O割り付けの設定をプログラム開発ソフトウェアで行います。また、PLC本体の初期設定や増設したユニットのパラメータ設定などにもプログラム開発ソフトウェアを使います。

プログラムをいったん書き込んでしまえばPLCは単独で動作するので、パソコンは必要ありません。しかし、プログラム開発ソフトウェアのモニタ機能を使って、PLCや機械の動作の確認をするには、パソコンを接続しておくと便利です。このモニタ機能を使うと、プログラムで使用する特定のリレーをパソコンの操作で強制的にオンオフしたり、データメモリにデータを設定したりすることもできます。

モニタ機能は、プログラムのデバッグにも使われます。ラダープログラムの動作状態をパソコンの画面でモニタして、機械から受け取る信号の状態を確認したり、出力信号が出ている状況を確認できます。この機能を使って、プログラムの不具合を修正したり、機械の動作の不具合を修正したりします。

このように、モニタ機能によって、プログラムの不具合や機械装置の信号の状態などの確認ができるので、メンテナンスやデバッグのときに役立ちます。プログラム開発ソフトウェアは、単にラダープログラムを作るだけでなく、PLCの設定や動作状況のモニタリングやテストにも利用されます。

要点BOX
- ●プログラム作成とチェック
- ●PLCのパラメータ設定
- ●モニタ機能で機械やプログラムのデバッグ

プログラム開発ソフトを使ったPLCの設定と制御

図1 プログラム開発ソフトウェアの画面の例（三菱電機製　GX-Works2）

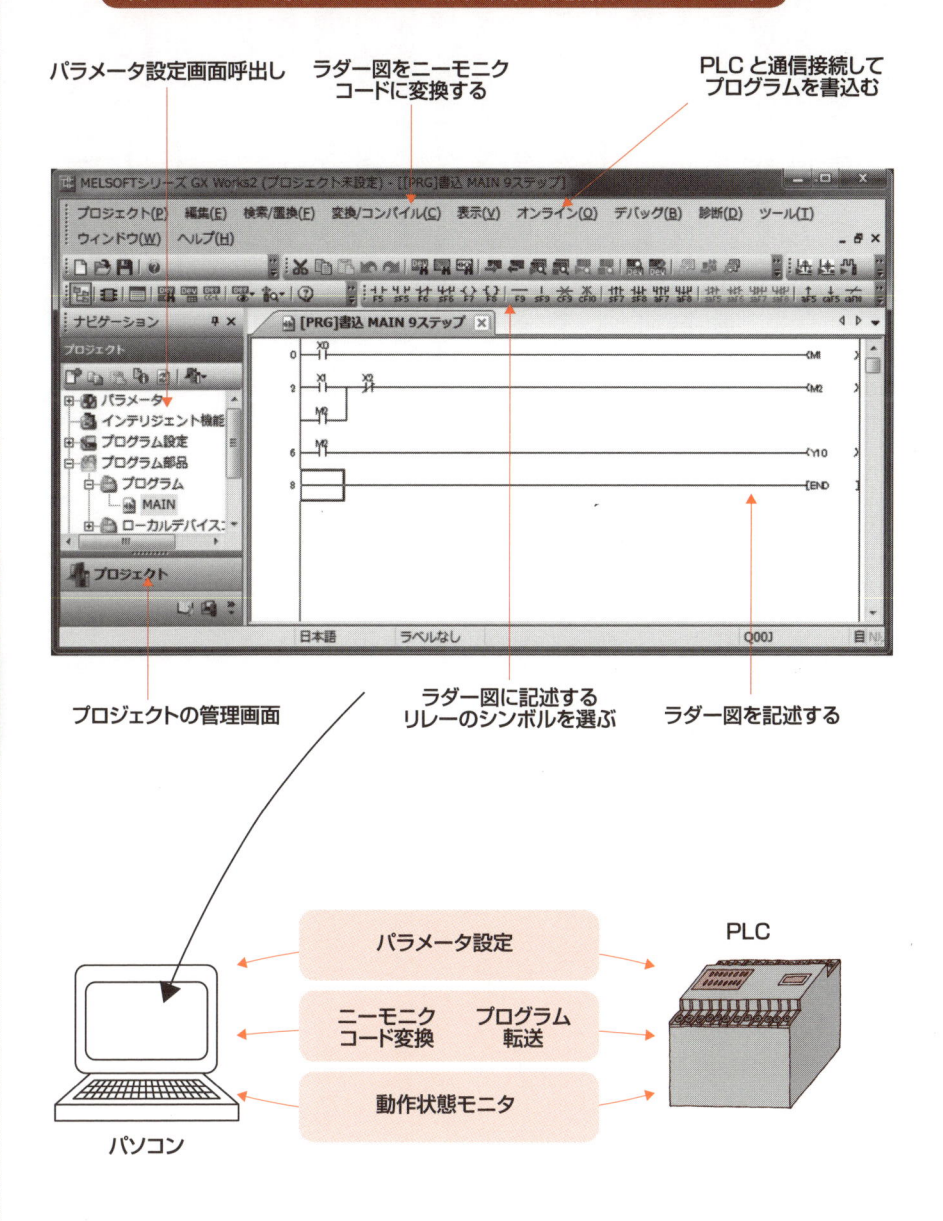

- パラメータ設定画面呼出し
- ラダー図をニーモニックコードに変換する
- PLCと通信接続してプログラムを書込む
- プロジェクトの管理画面
- ラダー図に記述するリレーのシンボルを選ぶ
- ラダー図を記述する

パソコン ― パラメータ設定 → PLC
パソコン ― ニーモニックコード変換／プログラム転送 → PLC
パソコン ― 動作状態モニタ → PLC

33 ラダー図に使うリレー

プログラムはラダー図で記述する

PLCのプログラムは、ラダー図とかラダープログラムと呼ばれるリレー回路の形で記述します。

電磁リレーの回路表記とラダー図の表記の相違は図1のように少し異なっています。ラダー図のリレーコイルは丸形で記述します。リレーのa接点は縦の2本線で、b接点はそれに斜線を付けた記述にします。b接点はコイルがオフのときに導通している形になっています。あるいは、b接点はa接点の逆の動作になるので否定の意味で斜線が付いていると覚えてもいいでしょう。リレーの動作は電磁リレーと同じように考えます。リレーコイルがオンしたら、そのコイルと同じ名前のすべての接点が切り替わるということです。コイルがオンすると、a接点は閉じてb接点は開きます。

PLCのラダー図は、たとえば、図2のように接点とコイルの記号を使って記述します。ラダー図の最後にはEND命令の記号を記述して、プログラムの終わりであることを示します。このラダープログラムは、リレーM0のa接点がオンしたらリレーM1のコイルがオンするという意味になります。リレーの名前と記号が異なるだけで電磁リレーと同じ動作です。

このラダー図ではリレーの名前にMという番号を使っていますが、使われるリレーの名前はPLCによって異なります。本書では一般のリレーはMというリレー番号を使います。Mはメモリーのm MでPLCのメモリーを使ったリレーという意味です。

そのほかに入力リレーをX、出力リレーをY、タイマリレーをT、カウンタリレーをCという記号で表すことにします。入力リレーのコイルは入力ユニットの端子に接続したスイッチやセンサでオンオフするので、プログラムの中には入力リレーのコイルはありません。出力リレーのコイルをプログラムでオンオフすると、出力ユニットの同じ番号の端子に接続した機器のオンオフができます。

要点BOX
- ラダー図で使うリレーの記号・種類と意味
- リレーコイルと同じ名前の接点が切り替わる
- 出力リレーのコイルで出力端子をオンオフ

図1 ラダー図で使うリレーの記号

	ラダー図	電磁リレー
リレーコイル	─○─	─□─
a接点	─┤├─	─ ╱ ─
b接点	─┤╱├─	─ ╲ ─

図2 ラダー図の例

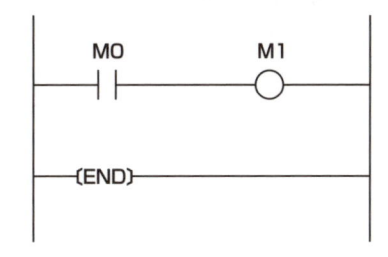

```
    M0           M1
────┤├──────────○────

────────(END)───────
```

図3 ラダー図で使うリレーの種類

種類	記号	意　味
一般リレー	M	PLCのメモリーを使ったリレーでメモリーの頭文字のMを付ける。
〔例〕コイル： 　　接　点：	M4 ─○─ M4 ─┤├─	
入力リレー	X	入力ユニットに配線したスイッチやセンサのオンオフで切り替わるリレー。 入力ユニットの端子と同じ番号になる。
〔例〕コイル： 　　接　点：	なし X2 ─┤├─	
出力リレー	Y	このリレーコイルをプログラムでオンオフすると出力ユニットの同じ番号の端子に接続した出力機器のオンオフができる。 同じ名前の接点をプログラムで使える。
〔例〕コイル： 　　接　点：	Y4 ─○─ Y4 ─┤├─	
タイマリレー	T	タイマリレーにはタイマ時間を設定する。 タイマリレーコイルをオンするとタイマ時間経過後に同じ名前の接点が切り替わる。タイマリレーコイルをオフにすると接点も元に戻る。
〔例〕コイル： 　　接　点：	T2 ─○─ 3秒 T2 ─┤├─	
カウンタリレー	C	カウンタリレーにはカウント値を設定する。 カウンタリレーコイルを1回オンにするたびにカウンタの値が1ずつ増える。カウンタの値がカウント値と同じになると、同じ名前の接点が切り替わる。
〔例〕コイル： 　　接　点：	C6 ─○─ 5回 C6 ─┤├─	

34 ラダー図の書き方とニーモニックコード

ラダー図をニーモニックコードへ変換する

図1は簡単なラダー図とそのニーモニックコードの例です。プログラミングコンソールを使ってPLCにプログラムを書き込むときには設計者が自分でラダー図からニーモニックコードに変換して、そのニーモニックコードを1行ずつプログラミングコンソールを使ってPLCに書き込む作業をします。

PLCのプログラム開発ソフトウェアを使ったときには指定された画面にラダー図を描画して、ニーモニックコードへの変換はソフトウェアが自動で行ってくれます。ニーモニックコードとパソコンを通信接続して自動変換したニーモニックコードをPLCに送信します。

ラダー図からニーモニックコードへ変換する規則を覚えれば変換はそれほど難しくありません。簡単な約束事を述べておきます。

ラダー図の左上から順番にニーモニックで使う命令語に変換して行きます。左上の接点から始まってリレーコイルまでが1つのプログラムの単位です。

ラダー図の左の縦線（母線）に接続されている最初の接点はLDという命令を使います。続けてリレー番号を記述します。このように、ニーモニックコードでは命令語の後に続けて使われているリレー番号を記述します。そこで、図1のラダー図の場合、最初のニーモニックコードはLD M0となります。

直列に接続されている接点はAND命令を使います。図1ではM1が直列に接続しているので、AND M1となります。リレーコイルにはOUT命令を使うので、OUT M2となります。

b接点の場合には、命令語の後に論理否定の命令を追加します。本書では論理否定をNOTで記述します。PLCの機種によっては否定(Invert)のIを使って、ANDのb接点はANI、ORのb接点はORIとするものもありますがAND NOT、OR NOTと同じ意味です。

図2には、いろいろなラダー図をニーモニックコードに変換する例を示します。

要点BOX
- ●ラダー図からニーモニックコードへ変換する規則
- ●左上から順に変換していく
- ●ニーモニックはLD・AND・OR・NOT・OUTを使う

図1 ラダー図からニーモニクコードに変換してPLCに書込む

はじまりは LD
直列接続は AND
リレーコイルは OUT

M0 M1 M2
—| |—| |—( )—
—(END)—

（変換）

① LD M0
② AND M1
③ OUT M2
④ END

→ PLCに書き込み

図2 ラダー図からニーモニクコードへの変換例

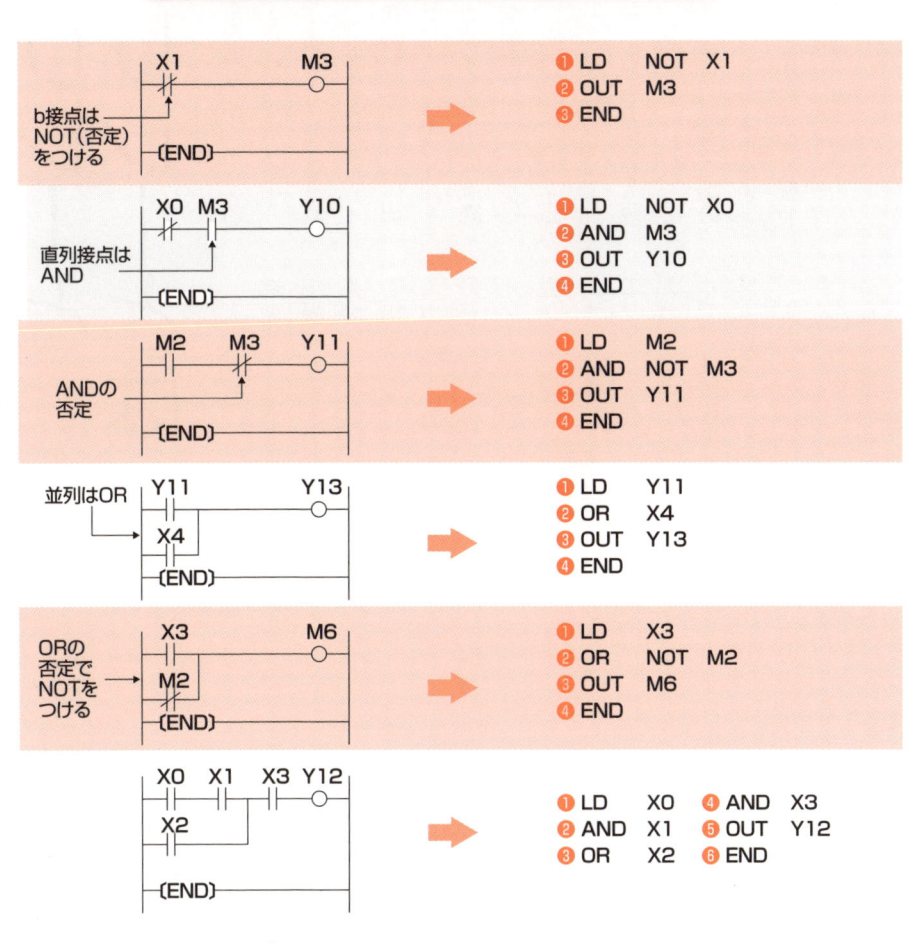

b接点はNOT（否定）をつける

X1   M3
—|/|—( )—
—(END)—

① LD NOT X1
② OUT M3
③ END

直列接点はAND

X0 M3 Y10
—|/|—| |—( )—
—(END)—

① LD NOT X0
② AND M3
③ OUT Y10
④ END

ANDの否定

M2 M3 Y11
—| |—|/|—( )—
—(END)—

① LD M2
② AND NOT M3
③ OUT Y11
④ END

並列はOR

Y11   Y13
—| |——( )—
X4
—| |—
—(END)—

① LD Y11
② OR X4
③ OUT Y13
④ END

ORの否定でNOTをつける

X3   M6
—| |——( )—
M2
—|/|—
—(END)—

① LD X3
② OR NOT M2
③ OUT M6
④ END

X0 X1 X3 Y12
—| |—| |—| |—( )—
X2
—| |—
—(END)—

① LD X0   ④ AND X3
② AND X1   ⑤ OUT Y12
③ OR X2   ⑥ END

● 第3章　PLCのしくみと使い方

35 入力リレーと出力リレーとは

入力リレーと出力リレーの動作と使い方

リレーの中に入力リレー（X）と出力リレー（Y）という外部機器の動作に直接関係するリレーがあります。出力ユニットの端子台にもリレー番号（Y）が書かれています。この端子にはランプやブザーや電磁リレーやソレノイドなどの出力機器を接続します。この出力機器をオンオフするには出力リレー（Y）のコイルを使います。たとえば、図2で出力端子番号Y10に接続したランプはラダー図のY10という名前のコイルをオンすることで光ります。すなわち、出力リレーのコイルをラダー図のプログラムを実行してオンオフすると、同じ名前の出力端子に接続されている出力機器を駆動できるようになっているのです。

出力リレーはコイルだけでなく、接点もラダー図の中で使うことができます。出力リレーのコイルがオンすると、ラダー図の中の同じ名前の接点が切り替わります。同時に、同じ名前の出力端子に接続されている外部機器をオンオフします。

入力リレー（X）のコイルはラダー図の中には記述できません。入力リレーのコイルをオンオフするのは外部機器から入力ユニットに入ってくる入力信号です。入力ユニットにはスイッチなどの外部からの入力信号を接続するための端子があります。その端子番号が入力リレーのコイルの番号になっています。入力リレーのコイルはその端子に接続した入力機器の信号でオンオフする仕組みになっています。たとえば、図1で入力ユニットのX0という名前の端子にスイッチをつなぐと、スイッチをオンしたときに、ラダー図のX0という名前のリレーコイルがオンして、その接点が切り替わります。

入力リレーはラダー図のプログラムでオンオフするのではなくて、機械装置のスイッチやセンサでオンオフするリレーだということになります。

入力リレーのコイルは外部の入力機器の信号でオンオフするので、ラダー図の中には入力リレーのコイルはなく、接点だけしか使えません。

要点BOX
- 入出力ユニットの動作イメージ
- 出力リレーをオンオフにして外部機器を制御
- 入力リレーは外部スイッチでオンオフ

図1　入力ユニットの動作イメージ

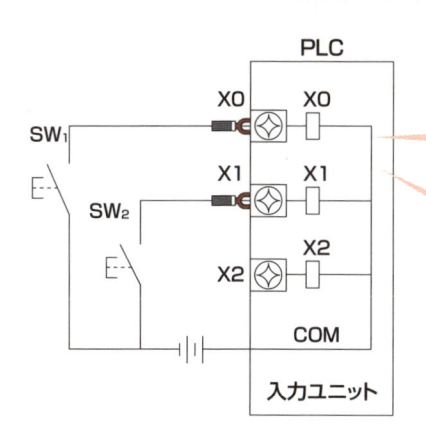

スイッチSW_1で入力ユニットのリレーコイル $\dashv\vdash^{X0}$ をオンするとラダープログラムの $\dashv\vdash^{X0}$ の接点が閉じ、$\dashv\!/\!\vdash^{X0}$ の接点は開く

スイッチSW_2がONすると $\dashv\vdash^{X1}$ がオンになりラダープログラムの $\dashv\vdash^{X1}$ の接点が閉じ、$\dashv\!/\!\vdash^{X1}$ の接点は開く

- 入力ユニットの入力端子には入力リレー番号が振られている。
- 入力端子にスイッチやセンサなどの機械装置の入力信号を接続すると、スイッチがオンしたときに、その端子の番号と同じ番号の入力リレーのコイルがオンになる。

図2　出力ユニットの動作イメージ

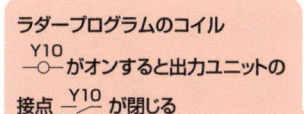

ラダープログラムのコイル $-\bigcirc-^{Y10}$ がオンすると出力ユニットの接点 $\dashv\vdash^{Y10}$ が閉じる

ラダープログラムの $-\bigcirc-^{Y11}$ がオンすると出力ユニットの接点 $\dashv\vdash^{Y11}$ が閉じる

出力ユニットの $\dashv\vdash^{Y10}$ が閉じるとランプLP_0が点灯する

出力ユニットの $\dashv\vdash^{Y11}$ が閉じるとリレーR_1のコイルがオンになる

- 出力ユニットの出力リレーにはコイルと接点があって、ラダー図の中で普通のリレーと同じように使うことができる。
- 出力リレーコイルがオンすると、同じ名前の出力端子に電気的出力が出て、そこに接続されている外部機器を駆動できる。

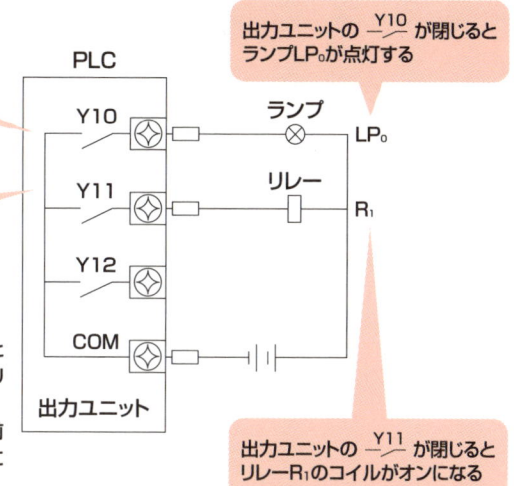

36 PLCのプログラムと入出力ユニットの動作

ラダープログラム次第で制御動作を変更できる

図1のPLC接続図は、入力ユニットのX0とX1の端子にスイッチSW₁とSW₂が接続されています。出力ユニットのY10の端子にランプLP₀を接続し、Y11の端子に電磁リレーR₁を接続してあります。

X0の端子に接続されているスイッチSW₁が押されると、入力端子X0がGNDに接続されてX0に通電して入力リレーX0のコイルがオンになります。このときラダープログラムを実行していれば、プログラム上のX0のa接点が閉じてオンになります。出力を駆動するには、ラダープログラムで同じ名前の出力リレーコイルをオンにしなくてはなりません。このように入出力機器を配線すると、PLCで機器の制御ができます。

ラダープログラム①のニーモニックコードをPLCのCPUユニットに転送してから、PLCのCPUを運転（RUN）状態にしてラダープログラムを実行してみます。スイッチを押す前は、何も起こりませんが、SW₁が押されると、入力端子X0と同じ名前のリレーコイルがオンするので、ラダープログラム①のX0のa接点が閉じます。するとラダープログラムの出力リレーコイルY10がオンになり、同じ出力端子番号のY10の端子の状態が切り替わってランプが点灯します。

このように、入力リレーは外部の接点信号でオンオフし、出力端子はラダープログラムのコイルでオンオフする状態を切り替えるようになっています。

次にラダープログラム②のように変更したプログラムをPLCに転送してCPUをRUNにします。SW₁とSW₂の両方が押されたときだけ電磁リレーR₁がオンになります。

次に、ラダープログラム③をPLCに転送します。今度はCPUをRUNした途端にランプが点灯します。そして、SW₁かSW₂のいずれかを押すとランプが消灯し、電磁リレーR₁がオンになります。このように、PLCに書き込むラダープログラム次第で機械の制御動作を変更できるのです。

要点BOX
- 出力リレーコイルのオンオフで機械を制御
- 入力リレーは外部の接点信号でオンオフ
- ラダープログラムを書替えて制御動作変更

図1 ラダープログラムと入力信号の関係

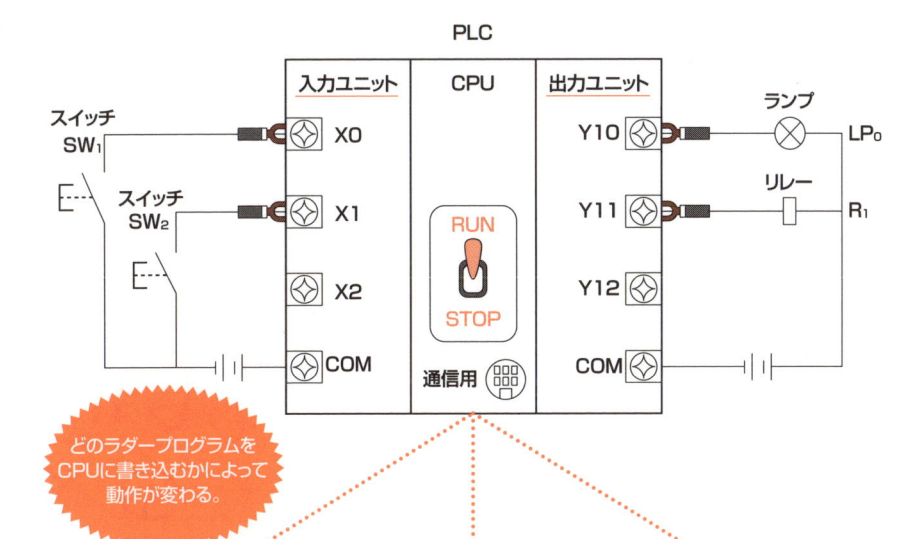

どのラダープログラムをCPUに書き込むかによって動作が変わる。

ラダープログラム①

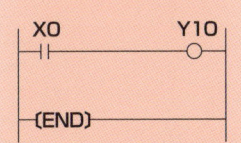

```
 X0           Y10
─┤├──────────( )─
        ─(END)─
```

押しボタンスイッチSW₁を押すとSW₁が接続しているX0の番号の接点
$\dfrac{X0}{\dashv\vdash}$ が閉じる。
$\dfrac{X0}{\dashv\vdash}$ が閉じると $\dfrac{Y10}{(\,)}$ のコイルがオンする。すると出力ユニットのY10に接続しているランプLP₀が点灯する。

ラダープログラム②

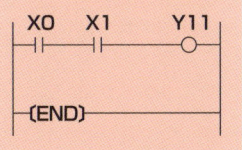

```
 X0   X1      Y11
─┤├──┤├──────( )─
        ─(END)─
```

押しボタンスイッチSW₁とSW₂の両方を押すと
$\dfrac{Y11}{(\,)}$ のコイルがオンになる。
すると、出力ユニットのY11に接続しているリレーR₁がオンになる。

ラダープログラム③

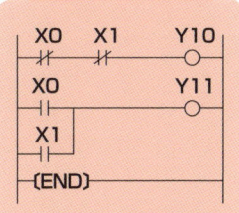

```
 X0   X1      Y10
─┤├──┤/├─────( )─
 X0           Y11
─┤├──────────( )─
 X1
─┤├─
        ─(END)─
```

SW₁とSW₂の両方が押されていないときにLP₀が点灯しSW₁かSW₂のいずれかが押されていると消える。
SW₁かSW₂のいずれかを押すと、リレーR₁がオンする。

● 第3章　PLCのしくみと使い方

37

PLCはマイコンで動いている

PLCのCPUユニットにはマイコンが内蔵されている

PLCの中にはマイコンが入っていて、そのマイコンがニーモニックコードで記述されたラダープログラムを元にして演算を行います。

ラダープログラムの中にリレーの接点とコイルを記述して、自由にリレー回路を作ることができます。また、タイマやカウンタなども用意されていて、ラダープログラムの中で使うことができます。

PLCの内部ではマイコンが演算を行っているので、リレーのコイルと接点を使った回路に従って動作するだけでなく、足し算や掛け算などの四則演算や、データ処理やデータの保存をする機能を使うこともできます。

PLCは機械装置を制御するために作られた制御装置ですから、機械装置とPLCを電気的に接続する必要があります。機械装置の信号をPLCの中のマイコンに接続するために、機械装置とマイコンとの間の信号のやり取りをするためのインタフェース機能

が必要です。その役割をしているのが入出力ユニットです。パッケージタイプのPLCでは初めからCPUユニットと入出力ユニットが一体になっていて、入出力端子が本体に組み込まれているのでその端子を使います。

機械装置の操作スイッチやリミットスイッチ、あるいはセンサの信号は、PLCの入力ユニットの入力端子に接続します。この入力端子を経由して、スイッチのような外部のオンオフ信号をPLC内部のマイコンに取り込むことができるようになっています。

また、PLCの出力ユニットには、機械装置についているランプや空気圧シリンダの電磁弁、小さな容量のモータなどを接続して、PLCからの出力信号で駆動します。

もし、大きな電流を入り切りするようなモータを駆動するときには、出力インタフェースの先に、さらに電磁リレーを接続して、その電磁リレーの接点でモータに流す電流を入り切りするようにします。

要点BOX
- ●PLCの内部処理と信号の流れ
- ●入出力ユニットはマイコンのインタフェース
- ●PLCの内部ではマイコンが演算を行う

図1 PLCの配線と信号の流れ

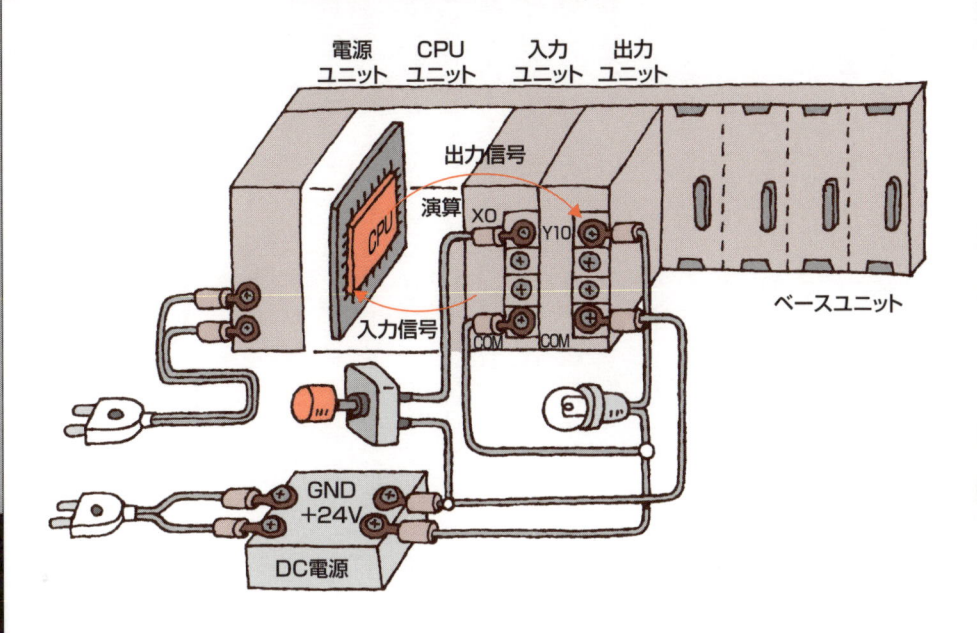

電源ユニット　CPUユニット　入力ユニット　出力ユニット

出力信号
演算　X0　Y10
CPU
入力信号
COM　COM

ベースユニット

GND +24V
DC電源

図2 PLCの内部処理

PLC

入力機器	入力インタフェース	CPU	出力インタフェース	出力機器
スイッチ センサ	入力ユニット	演算 記憶 (ラダープログラム)	出力ユニット	電磁リレー ソレノイド ランプ ブザー モータ

38 ニーモニックコードとPLC内部の演算

PLCはニーモニックコードをどう実行するか

PLCを運転状態にすると、PLCはニーモニックコードを上から順番に1行ずつ実行して行きます。END命令まで来るとまた最上段に戻って繰り返し実行します。図1のニーモニックコードはEND命令を除くと、LD X0とOUT Y10の2行だけです。

LD X0はX0端子のオンオフの状態を読み込むことを意味しています。読み込んだ結果X0がオンならX0のリレーコイルをオンにするのでa接点はオンになります。OUT Y10はY10の前にあるリレー接点のオンオフの演算結果によって出力リレーの状態を変化させることを意味しています。そこでこの2行のプログラムは、LD X0を実行したときにX0のデータがオンだったらY10をオンにするという意味になります。3行目のEND命令を実行すると、1行目に戻って繰り返されます。いったんY10がオンになっても再度LD X0の命令に戻って繰り返されますから、そのときにX0を入力した結果がオフになっていればY10がオフに変化します。

実際には図2のように、LD X0はX0がオンだったら演算結果を1にする命令です。OUT Y10はそこまでの演算結果が1だったら出力に1を立てる（出力をオンにする）命令です。この演算を変数Aを使って表現すると、LD X0はX0の値である1か0をAに代入する命令に相当します。OUT Y10はAの値を出力する命令になります。そこでAが1ならばY10がオンになってAが0ならばオフになるのです。

同様に図3のラダー図をニーモニックコードで演算する手順を見てみます。図3の下にあるように、①の部分は前と同じLD X0ですからX0の1、0の状態によって変数Aにその数値が書き込まれます。次の②では、①で行ったAの値とX1の1、0のAND演算を行った結果がAに代入されます。すなわち、前のAの値が1でX1の値も1のときだけ②のAは1になります。③ではその結果がY11に書き込まれるので出力Y11がオンオフします。

要点BOX
- ニーモニックコード実行時の動作
- ニーモニックコードの演算は1と0で行う
- 変数Aを使ったニーモニックコードの演算

図1 ニーモニックコードを実行したときの動作

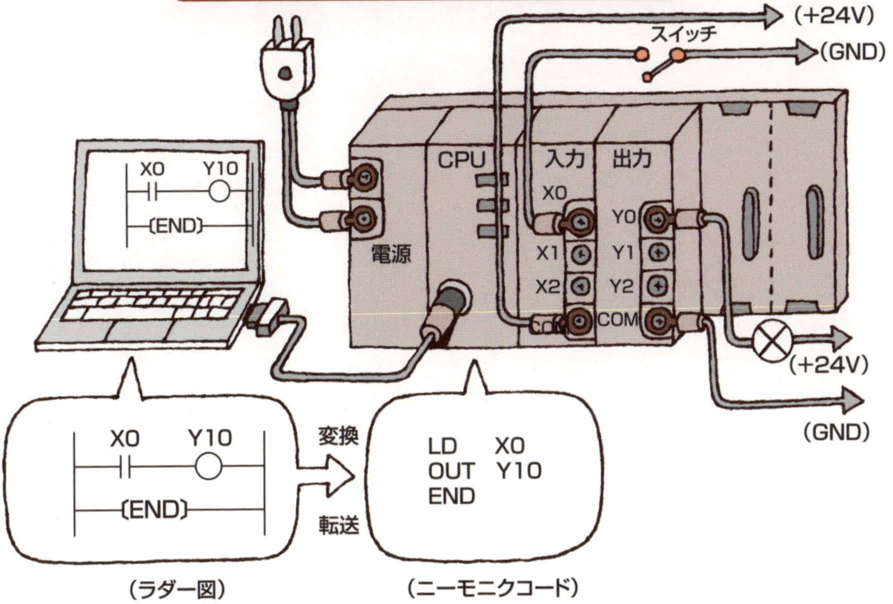

（ラダー図） 変換/転送 （ニーモニックコード）

```
LD   X0
OUT  Y10
END
```

図2 ニーモニックコードの意味

	ニーモニック	意味	動作
❶	LD X0	A←X0	X0がオンなら変数Aに1を代入。
❷	OUT Y10	Y10←A	Aの値が1ならY10をオンにする。
❸	END	GOTO①	❶へ戻る

（Aは1か0の値をとる変数）

図3 ラダー図とニーモニックコードとその意味

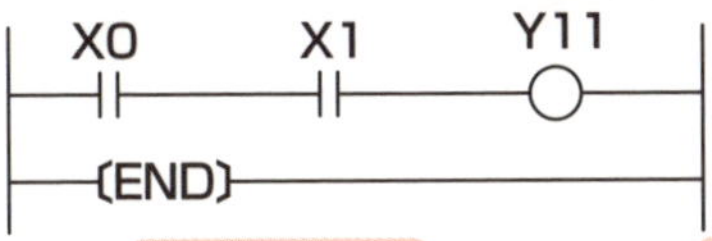

	ニーモニック	意味	動作
❶	LD X0	A←X0	X0がオンなら変数Aに1を代入。X0がオフならAに0を代入。
❷	AND X1	A←A AND X1	❶で計算したAとX1の1,0とのANDをとってAに代入
❸	OUT Y11	Y11←A	Aの値をY11へ出力
❹	END	GOTO①	❶へ戻る

Column

PLCの制御方式

PLC制御のイメージは図のようになります。

PLCに書き込むリレー回路の形をした制御プログラムのことをラダー図とかラダープログラムと呼んでいます。

パソコンでラダープログラムを作成してPLCのCPUユニットに書き込みます。PLCの入出力端子には制御する機器を配線接続します。

CPUをRUN（運転モード）するとCPUに書き込んだラダープログラムの実行を開始します。プログラムを実行すると、入力信号の変化によって出力が変化して、機器の制御が行われます。

PLC

- CPU（ラダープログラムの実行）
- 入力端子（検出信号の入力）
- 出力端子（制御信号の出力）

ラダープログラム開発ソフトウェア

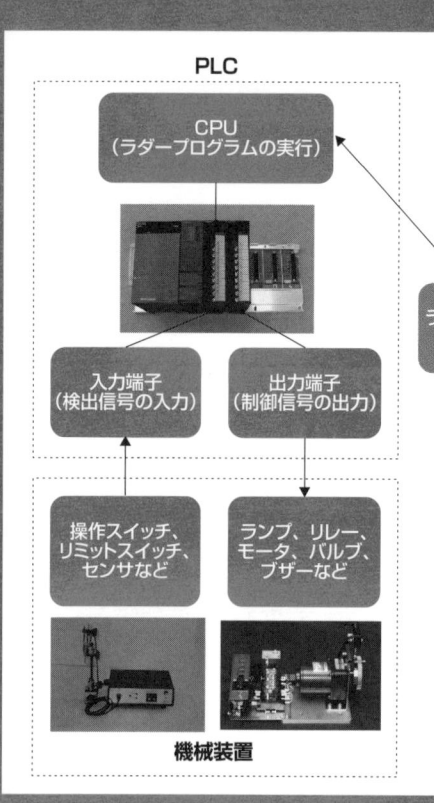

ラダープログラムの転送

パソコン（ラダープログラムの作成と転送）

- 操作スイッチ、リミットスイッチ、センサなど
- ランプ、リレー、モータ、バルブ、ブザーなど

機械装置

第4章

シーケンス制御に使う
アクチュエータの制御方法

39 ソレノイドの動き方

電気エネルギーを直接機械運動に変換

ソレノイドは電気エネルギーを機械的な運動に直接変換させるアクチュエータです。ソレノイドの力で運動出力をするので、ソレノイドアクチュエータと呼ばれることもあります。鉄心にコイルを巻いたものに電気を流すことで電磁石の力を発生させて、出力シャフトの押し引きをしたり回転させたりするものです。一般に、ソレノイドというと電気を流すコイル（巻線）のことを意味するので、運動出力のないソレノイドコイルと区別して、運動部があることを意味するアクチュエータという言葉を付けたのがソレノイドアクチュエータです。

図1はシリンダ型のソレノイドの例です。SW_1が押されてコイルに電気が流れると固定鉄心に磁力が発生して、発生した磁力でプランジャ（可動鉄心）を引っ張ります。このシリンダ型のソレノイドは、プランジャをシリンダの奥へ引っ張る力はありますが、プランジャを押し出す力はないので、電気を切っても元に戻りません。

外部からの力でプランジャを元に戻す必要があります。図2の四角いケースに入ったソレノイドは、プランジャにプッシュピンを付けて押し出力を出すものです。プランジャ側にスプリングを付けて、コイルに通電していないときに元の位置に戻るようにしてあります。押し出すタイプをプッシュ型、引込むタイプをプル型と呼ぶことがあります。

図3は回転出力を得るロータリソレノイドの例です。このロータリソレノイドは、出力軸が、プラスマイナス45度の範囲で回転します。ロータリソレノイドは、ソレノイドの直進運動をラックピニオンなどのメカニズムを使って機械的に回転に変換して出力するものが一般的です。図4のように永久磁石を出力軸につけて電磁石の力で回転出力を出すものもあります。いずれも、コイルに通電すると固定鉄心が電磁石になって可動鉄心が動いて限定された動作範囲の機械的な出力が出るようになっています。

要点BOX
- シリンダ型ソレノイドとロータリソレノイド
- プッシュ型ソレノイドとプル型ソレノイド
- ソレノイドは電気を切っても戻らない

図1 プル(引張り)型ソレノイド

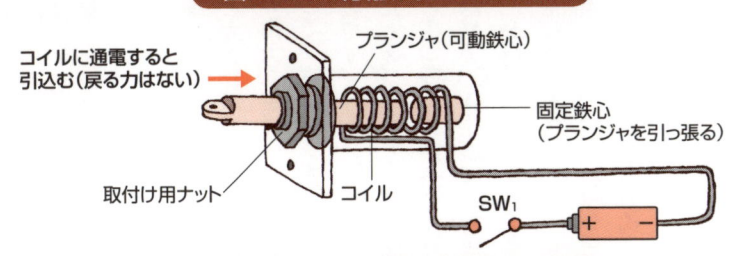

- コイルに通電すると引込む(戻る力はない)
- プランジャ(可動鉄心)
- 固定鉄心(プランジャを引っ張る)
- 取付け用ナット
- コイル
- SW₁

図2 プッシュ(押出し)型ソレノイド

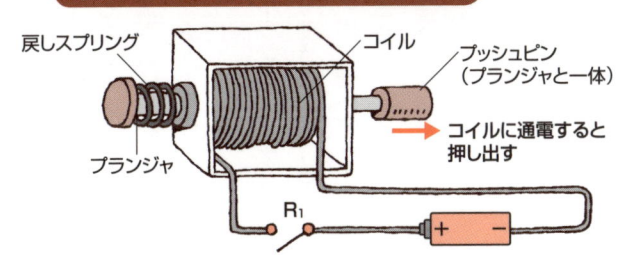

- 戻しスプリング
- コイル
- プッシュピン(プランジャと一体)
- プランジャ
- コイルに通電すると押し出す
- R₁

図3 ロータリソレノイド

- −45°
- +45°
- 出力シャフト

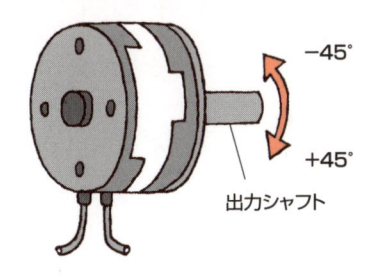

図4 永久磁石を使ったロータリソレノイドの動作原理

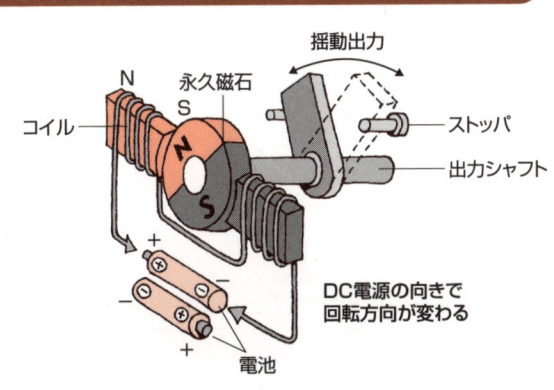

- 揺動出力
- N
- S
- 永久磁石
- コイル
- ストッパ
- 出力シャフト
- DC電源の向きで回転方向が変わる
- 電池

第4章 シーケンス制御に使うアクチュエータの制御方法

40 ソレノイドの配線と制御

ソレノイドの制御の仕方

通常ソレノイドの制御にはLEDランプなどに比べると大きな電力が必要で電圧もさまざまです。PLCの出力ユニットでは流せる電流や電圧が限られているので、直接オンオフできないことが多いので注意が必要です。

たとえば、PLCの一般的なトランジスタ出力ユニットの1つの出力端子で入り切りできるのは、DC12～24Vで0.1A程度で、有接点の出力端子では1A程度、特殊な容量の大きな出力ユニットでは2A程度の電流に限られています。この範囲にあるソレノイドを選定すれば、図1のソレノイドSOl-aのようにPLCの出力端子に直接接続できます。

ソレノイドにはさまざまな仕様のものがあります。たとえば、AC電源で駆動するものや、DC電源で動作するソレノイドでも6V、12V、24V、48Vなどがあり、大きいものでは数アンペアの電流が流れます。

もし、ソレノイドの電圧や電流にPLCの出力ユニットが対応していなかったら、ソレノイドをPLCの出力端子に直接接続できないことになります。

そのようなときには、リレーのインタフェース機能を使って対応します。図1の出力端子Y11には、電磁リレーR_{11}が接続されています。ラダープログラムで出力リレーY11をオンすると、R_{11}の電磁リレーのコイルがオンするので、R_{11}の接点でソレノイドSOl-bのオンオフを行っています。

ただし、この図のソレノイドの場合、いったんソレノイドをオンしてプランジャを移動すると、電源を切ってても元の位置に戻ることができません。ソレノイドは、ソレノイドに流れる電源が切れたときには力を出すことができないからです。一般的には、重力やスプリングなどの力を利用してプランジャが元の位置に戻るようにしておきます。あるいは、もう1つのソレノイドを対向する位置に置いて、戻り動作にすることもあります。

要点BOX
- ●PLCとソレノイドの配線
- ●PLCとリレーのインタフェース機能を使う
- ●電源を切ってもプランジャは元に戻らない

図1　ソレノイドの配線

ソレノイド(sol-a)
DC24V、0.5A
プランジャ

出力ユニット
Y10
Y11
COM

R_{11}

**抵抗負荷で
1A以下
誘導負荷で
0.5A以下の
接点出力**

※ソレノイドや
　モータは
　誘導負荷です。

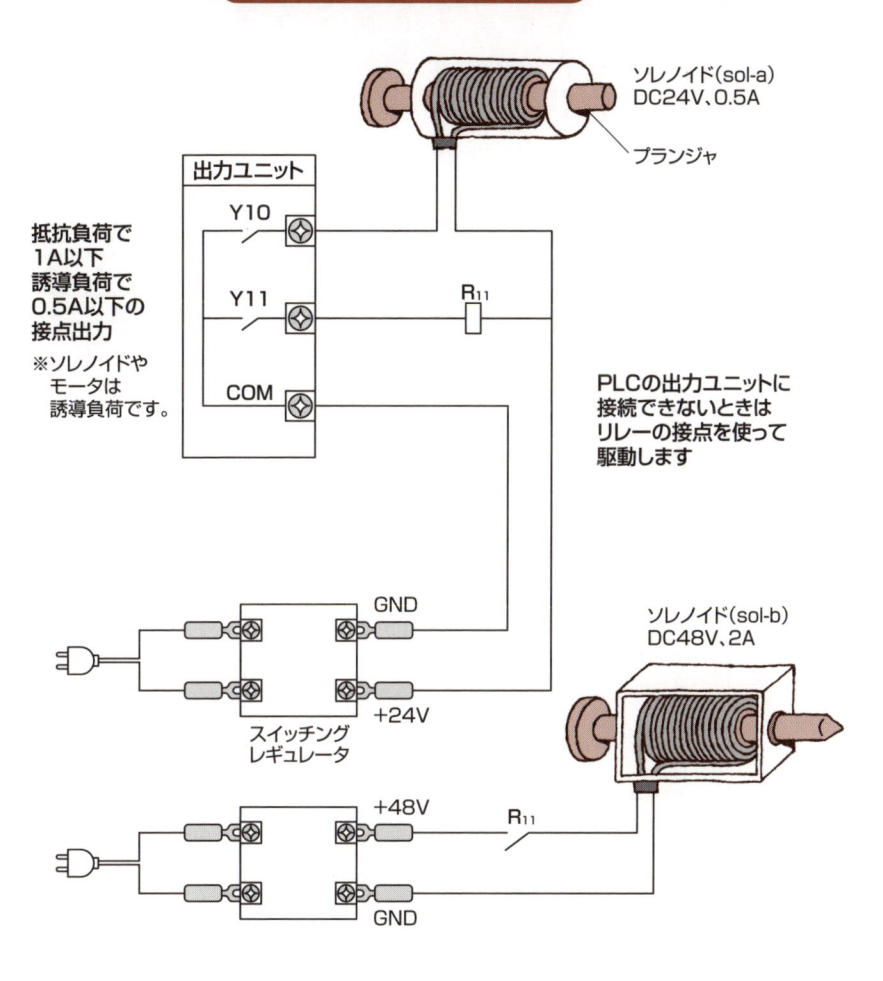

PLCの出力ユニットに
接続できないときは
リレーの接点を使って
駆動します

GND
+24V
スイッチング
レギュレータ

ソレノイド(sol-b)
DC48V、2A

+48V
R_{11}
GND

第4章　シーケンス制御に使うアクチュエータの制御方法

41 空気圧シリンダの動き方

空気圧シリンダのしくみ

空気圧シリンダはピストンの前後に入っている空気の圧力差によってピストンを駆動するものです。図1のようにシリンダのAポートから圧力の高い空気を入れると、ピストンが前進します。このとき、シリンダの前側に入ってった空気がBポートから抜けます。

ピストンが出す力は、(空気圧)×(受圧面積)になります。受圧面積とは空気圧を受けるピストンの運動方向に垂直な面の面積の合計のことです。図2のように、このシリンダではピストンの受圧面積が押出すときより引込むときの方が小さくなるので、押出すときの方が大きな力を出すことができます。

もし、Bポートから空気が抜けないと、ピストンの前側の空気が圧縮されて、図3のようにピストンは前進端まで到達できません。このとき、Aポートから入れた空気圧によってピストンが前進する力と、Bポート側の圧縮された空気によってピストンを押戻そうとする力が釣り合った場所で停止します。空気シ

リンダの駆動では、圧縮空気を入れただけではだめで、反対側のポートから空気を抜く必要があります。

したがって、ピストンのスピードを制御するには空気を入れる量を制限するか、抜く量を制限するかの二通りが考えられます。空気を出し入れするポートを入れ替えればば逆方向にピストンを動かすことができます。この接続の切り替えを行うのが図4の空気圧弁（バルブ）です。図4(a)では、空気圧コンプレッサで圧縮された空気がバルブを通過してシリンダのBポートから入ってきます。Aポートに入っていた空気はバルブを通って大気に放出されてピストンは後退します。

図4(b)のようにバルブを指で押して切り替えると、Aポートから圧縮された空気が入ってきてBポートから空気が抜けて今度は前進します。このように空気圧シリンダはバルブを切り替えて制御します。指ではなくソレノイドを使ってバルブを切り替えるようにしたものがソレノイドバルブです。

要点BOX
- ●空気圧シリンダの構造
- ●ピストンの出す力と動作
- ●バルブによる空気圧の切替え

図1 空気圧シリンダの動作原理

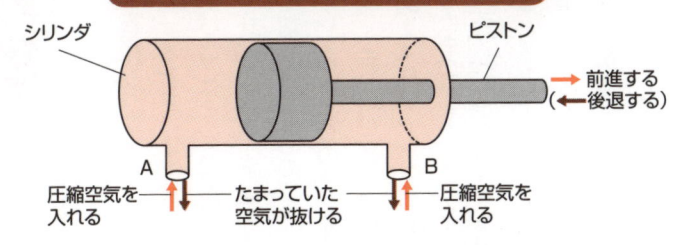

シリンダ / ピストン / 前進する (←後退する)
A: 圧縮空気を入れる / たまっていた空気が抜ける
B: 圧縮空気を入れる

図2 ピストンに発生する力

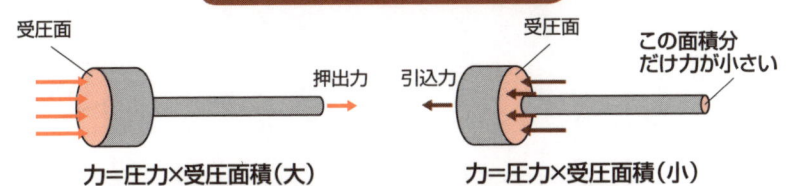

受圧面 / 押出力 / 力=圧力×受圧面積(大)

受圧面 / 引込力 / この面積分だけ力が小さい / 力=圧力×受圧面積(小)

図3 Bポートを閉じると最終端に到達しない

ピストンの前側の圧力が上がって力が釣り合ったところで止まる
A
Bポートから空気が抜けない

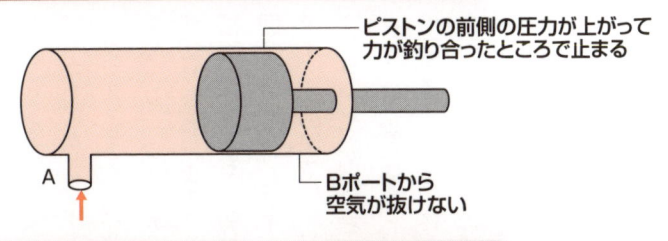

図4 手動バルブを使った空気圧シリンダの制御

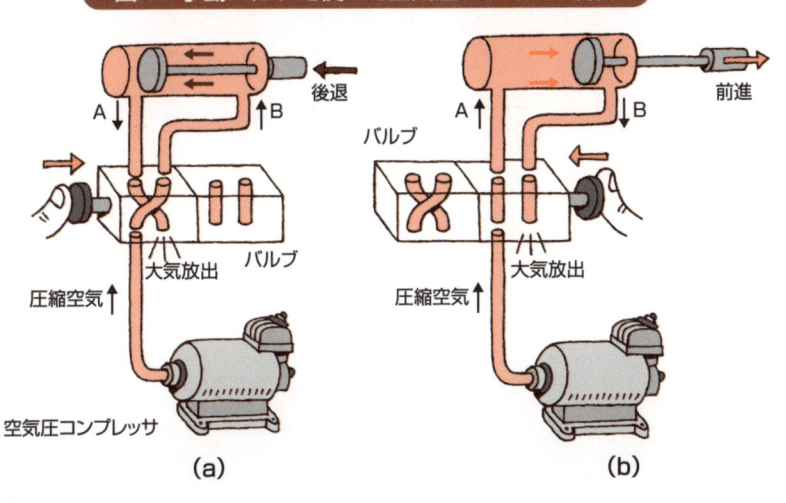

(a) 後退 / A / B / バルブ / 大気放出 / 圧縮空気 / 空気圧コンプレッサ

(b) 前進 / A / B / バルブ / 大気放出 / 圧縮空気

第4章 シーケンス制御に使うアクチュエータの制御方法

42 空気圧シリンダを動かすソレノイドバルブ

ソレノイドバルブで空気圧シリンダを制御

空気圧シリンダ使った機械装置をシーケンス制御で制御するときにはソレノイドバルブを使います。ソレノイドバルブはその名前の通り、ソレノイドでバルブを動作させて、空気圧アクチュエータに与える空気圧の流れを切り替えるものです。

リレーやPLCのオンオフ出力でソレノイドをオンオフし、空気圧バルブを切り替えます。

図1(a)は、シングルソレノイドバルブのイメージを図にしたものです。ソレノイドに電圧をかけるとソレノイドのプランジャが前進してバルブを右方向に移動します。するとストレートのバルブでシリンダの前から空気圧を供給していたものが、クロスのバルブに切り替わってシリンダの後ろから空気圧が入るようになるので、ピストンが前進します。ソレノイドの電圧を切ると、押戻し用スプリングでバルブが元に戻されるので、ピストンは後退します。

このように、ソレノイドを電気的にオンオフすることでシリンダのピストンの前進後退を制御できるようにしたものがソレノイドバルブです。

ダブルソレノイドバルブはバルブの両側にソレノイドがついていて、いずれかのソレノイドをオンするとバルブが切り替わります。スプリングを使っていないので、電気を切っても、切り替わった状態が保持されます。

図2はダブルソレノイドバルブを使ったシリンダの制御です。この図では、ソレノイドSOl-aに電圧をかけてプランジャが図の右方向に動くとピストンが前進し、SOl-bに電圧をかけるとピストンは後退します。

図3は、シングルソレノイドバルブに空気圧シリンダを配管接続したものです。さらにシングルソレノイドバルブは、PLCの出力ユニットに配線してあります。最近のパイロット弁タイプのソレノイドバルブはPLCに直結できるものが主流になっていますが、駆動電流や駆動電流が大きいソレノイドバルブはリレーを中継して接続します。

要点BOX
- ●ソレノイドのオンオフで空気圧バルブを切替え
- ●シングルとダブルのソレノイドバルブ
- ●ソレノドバルブでシリンダを制御

図1　シングルソレノイドバルブを使った空気圧シリンダの制御

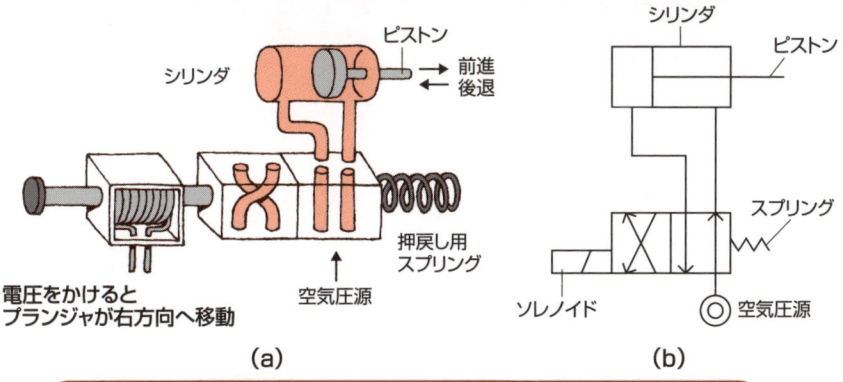

(a) シリンダ／ピストン／前進・後退／押戻し用スプリング／空気圧源／電圧をかけるとプランジャが右方向へ移動

(b) シリンダ／ピストン／スプリング／ソレノイド／空気圧源

図2　ダブルソレノイドバルブを使った空気圧シリンダの制御

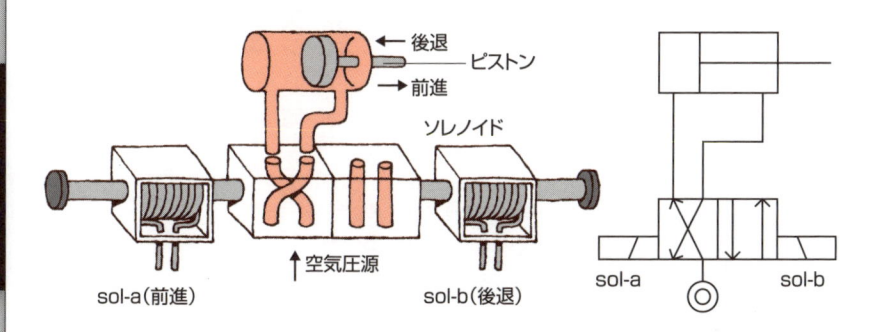

後退／ピストン／前進／ソレノイド／空気圧源／sol-a（前進）／sol-b（後退）

sol-a　sol-b

図3　シングルソレノイドバルブと空気圧シリンダの配線と配管

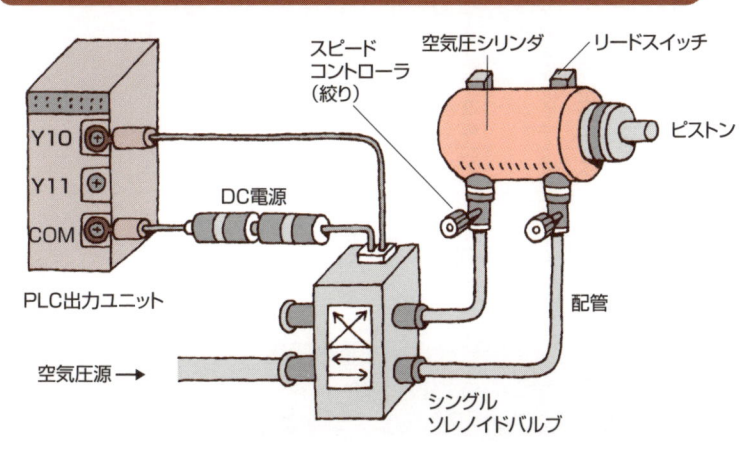

Y10／Y11／COM／PLC出力ユニット／DC電源／空気圧源／スピードコントローラ（絞り）／空気圧シリンダ／リードスイッチ／ピストン／配管／シングルソレノイドバルブ

第4章　シーケンス制御に使うアクチュエータの制御方法

43 空気圧シリンダのリードスイッチ

リードスイッチで空気圧シリンダを制御

空気圧シリンダを制御するときにはピストンの位置を検出することがよくあります。シリンダのピストンを前進させるとピストンが前進端に行き切った場所で安定して停止しているので、その位置まで来たことを検出して次の作業を行うようにします。

空気圧シリンダによっては、図1のようにピストンに永久磁石が埋め込まれていて、磁力で動作するリードスイッチをシリンダ本体に取り付けると、ピストンの位置を検出できるものもあります。シリンダ本体に検出スイッチがつけられるのでわざわざリミットスイッチを取り付ける部品を作らなくてもよいので、機械の設計の負担が軽減されます。

図2のようにリードスイッチの取付け位置が悪いと、前進端で停止したときにリードスイッチが働かないので、次の動作に移るタイミングの信号が取れずに機械が停止してしまうことがあります。

あるいは図3(a)のようにワークを壁に押し付けるような使い方をしたときは、リードスイッチを正しく設置しても、ワークの厚みが変化するとリードスイッチが働かなくなることがあるので注意します。

逆に、図3(b)のように、ワークが2枚重なってしまう異常を検出することもできます。この場合、シリンダの前進出力を出してリードスイッチが働かなければ、ワークに異常があることが分かるので、その異常を検出して機械を安全に停止したり、異常を解除するような処理を促す制御に利用します。

図4は、クレビス型のシリンダを使って揺動アームを前後するものですが、ストッパの位置によって前進端の検出位置が変化します。この場合は、ストッパの位置を変えるたびにリードスイッチの位置も調節するようにするか、ストッパ側にリミットスイッチをつけて、ストッパを動かしても前進端の位置検出に影響が出ないようにします。

要点BOX
●リードスイッチでピストン位置を検出
●リードスイッチの取付け位置
●揺動出力はクレビス型シリンダを使う

図1 リードスイッチ

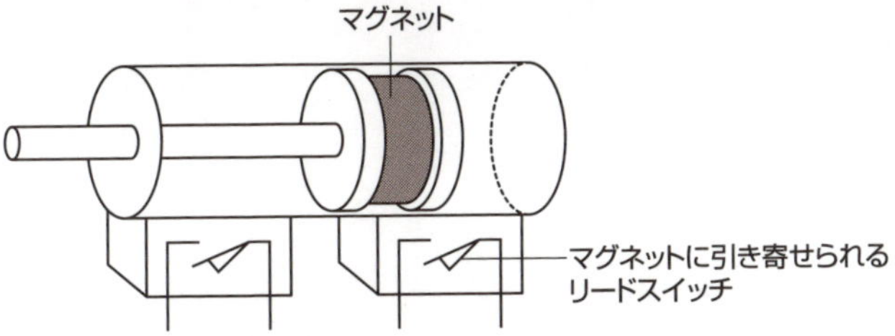

マグネット

マグネットに引き寄せられるリードスイッチ

図2 リードスイッチの取付け

リードスイッチの取付け位置が悪いと検出できない

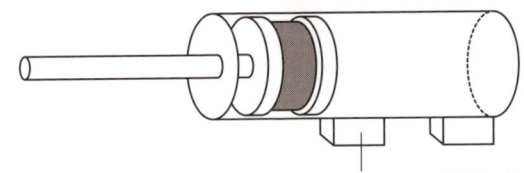

図3 ワークを扱うときのリードスイッチの位置

リードスイッチをワークの厚みに合わせてセットする

シリンダの前進端信号を検出できない

後退端を検出するリードスイッチ
(a)

ワークが重なる
(b)

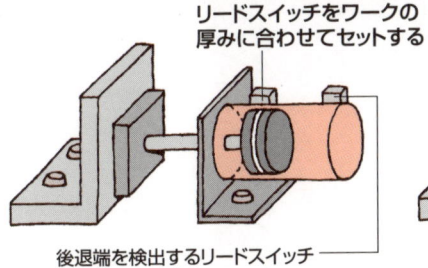

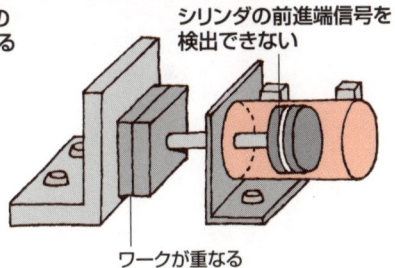

図4 ストロークが変化するときのリードスイッチの位置

前進端検出用リードスイッチ

戻り端検出用リードスイッチ

ストローク調節をすると前進端検出用リードスイッチの位置も調節しなくてはならない

ストローク調節用ストッパ

クレビス型シリンダ

揺動アーム

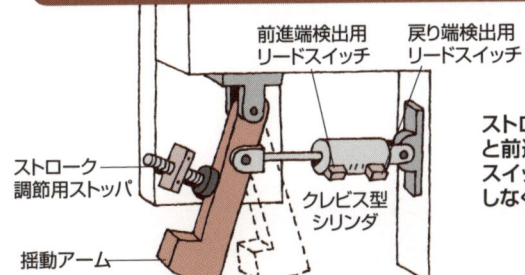

第4章 シーケンス制御に使うアクチュエータの制御方法

44 モータの駆動回路

PLCを使ってモータのオンオフを行う回路

図1は各種の汎用モータを手動スイッチでオンオフ駆動する回路です。①はDCモータをスイッチTS_0でオンオフします。モータを逆転するには電源のプラスマイナスを逆にします。②は単相交流インダクションモータで、TS_2でモータのオンオフをし、モータの正転と逆転の切替えはTS_1で行っています。③の三相誘導モータの場合は、マグネットスイッチ（Mc）を使います。TS_3でMcのコイルをオンオフして、Mcの接点でモータの電源を入り切りしています。このように、どのタイプのモータも、手動スイッチ（TS_0〜TS_3）でオンオフができます。

そこで、これらの手動スイッチを電磁リレー接点に置き換えると、その電磁リレーのコイルをオンオフすることで、モータのオンオフを制御できるようになります。

図2はPLCに電磁リレーを配線して、リレーの接点で各モータをオンオフをするものです。PLCの入力端子X_0〜X_5にスイッチSW_0〜SW_5を接続し、出力端子には電磁リレーR_0〜R_3のコイルを接続しました。

図2の②のモータ制御回路では、R_0でDCモータ（モータ1）のオンオフ、R_1で単相インダクションモータ（モータ2）のオンオフ、R_2でモータ2の逆転、R_3で三相誘導モータ（モータ3）のオンオフを行う回路になっています。一方、PLCのY_{10}〜Y_{13}にR_0〜R_3が接続しているので、PLCのプログラムでY_{10}のコイルをオンにすると電磁リレーR_0がオンします。同様に、Y_{11}でR_1、Y_{12}でR_2、Y_{13}でR_3がオンします。

そこで、図2の③のようにラダープログラムを作って実行すると、SW_0（X_0）を押したときにY_{10}が自己保持になって、モータ1がオンしたままになり、SW_1（X_1）を押すとY_{10}の自己保持が解除されてモータ1はオフします。

SW_2（X_2）を押している間だけモータ2が回転して、SW_3（X_3）を押すと回転方向が切り替わります。SW_4（X_4）を押すとY_{13}が自己保持になってモータ3が回転して、SW_5（X_5）で停止します。

要点BOX
- ●手動スイッチでモータをオンオフする
- ●リレーの接点でモータをオンオフする
- ●PLCでモータをオンオフする

図1 モータを手動スイッチでオンオフ駆動する回路

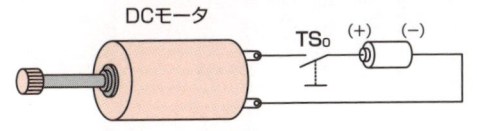

①DCモータの手動操作回路
DCモータ / TS_0 (+) (−)
TS_0でモータを回転

③三相誘導モータの手動操作回路
MC / R / S / T / 三相交流電源 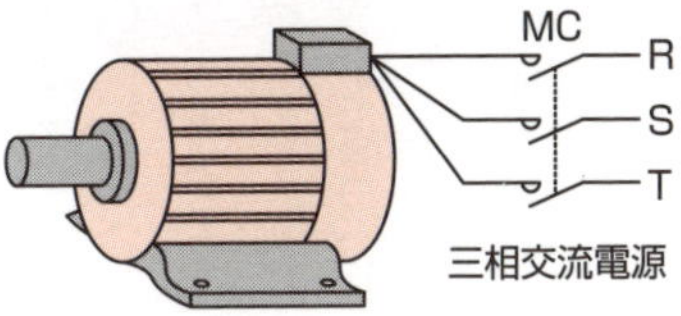
TS_3 / Mc
TS_3でモータが回転

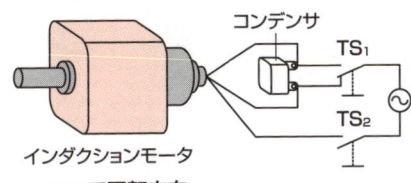

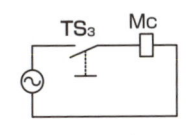

②単相インダクションモータの手動操作回路
インダクションモータ / コンデンサ / TS_1 / TS_2
TS_1で回転方向
TS_2でモータが回転

図2 PLCでモータをオンオフ駆動する回路

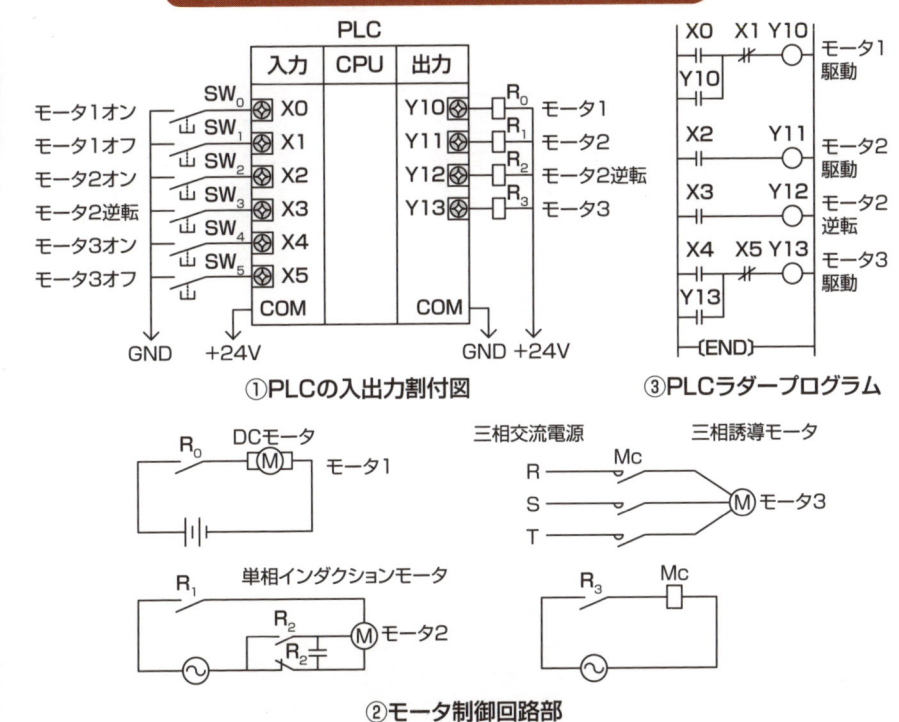

①PLCの入出力割付図

PLC（入力／CPU／出力）

入力側:
- モータ1オン SW_0 → X0
- モータ1オフ SW_1 → X1
- モータ2オン SW_2 → X2
- モータ2逆転 SW_3 → X3
- モータ3オン SW_4 → X4
- モータ3オフ SW_5 → X5
- COM / GND / +24V

出力側:
- Y10 → R_0 → モータ1
- Y11 → R_1 → モータ2
- Y12 → R_2 → モータ2逆転
- Y13 → R_3 → モータ3
- COM / GND / +24V

③PLCラダープログラム

```
 X0    X1   Y10
─┤├──┤/├──( )── モータ1駆動
 Y10
─┤├─┘

 X2        Y11
─┤├───────( )── モータ2駆動

 X3        Y12
─┤├───────( )── モータ2逆転

 X4    X5   Y13
─┤├──┤/├──( )── モータ3駆動
 Y13
─┤├─┘

─(END)─
```

②モータ制御回路部

- R_0 — DCモータ — モータ1
- R_1 / R_2 — 単相インダクションモータ — モータ2
- 三相交流電源 R / S / T — Mc — 三相誘導モータ — モータ3
- R_3 — Mc

45 モータのインターロック制御

モータの正逆転同時起動やオーバーランの防止

モータ制御では、モータの正転と逆転の回路を同時にオンするとモータが焼けついてしまったりすることがあります。また、機械的なリミットを超えてモータが回転を続けるとモータだけでなく、機械装置を破損しかねません。このような不具合を避けるために、制御回路や制御プログラムでインターロックを付けることがよくあります。ここではラダープログラムにおけるインターロックを考えます。

図1の装置は、操作パネルに2つの押しボタンスイッチが付いていて、このスイッチで重い荷物を載せた台を上下するリフタです。基本動作は、上昇SWを押すと上昇用のリレーR10がオンしてリフタは上昇し、下降SWを押すと下降用のリレーR11がオンして下降します。上昇と下降だけの回路は単純で、図2の①のようになります。すなわち、上昇SWを置き換えている入力リレーX0がオンしたら、出力リレーコイルY10をオンして上昇用リレーR10を励磁します。そして、下降SWを押

したときはX1のa接点がオンになるので、その信号で下降出力リレーコイルY11をオンにしています。

人が装置を監視しながら注意深く操作するのであればこの回路でもよさそうですが、安全や使い勝手のためにインターロック回路を追加するのが一般的です。人がスイッチを操作するので、上昇SWと下降SWの両方を押してしまうとモータが焼けつくことがあります。そこで、②のように、出力リレーコイルの前に逆方向に動作させる出力リレーのb接点を入れておくようにプログラムを変更します。このようにすると、上昇中に下降SWが押されても、その入力信号は有効になりません。

次にリミットスイッチがオンしたときにはそれ以上モータが回転しないように制御したものが③です。上限LSのリミットスイッチがオンしたときの信号X2を使って上昇出力Y10をオフにし、下限LSの信号X3が入ったときには下降出力Y11をオフにします。

要点BOX
- ●ラダープログラムによるインターロック
- ●正転と逆転の出力が同時にオンにならない回路
- ●リミットスイッチで停止するインターロック回路

図1　手動操作によるリフト装置

- 上限LS(X2)
- 下限LS(X3)
- 操作パネル
  - 上昇SW (X0)
  - 下降SW (X1)
- 重い荷物を上下するリフタ（制御する対象）
- モータ
- R_{11} 下降(Y11)
- R_{10} 上昇(Y10)

PLC

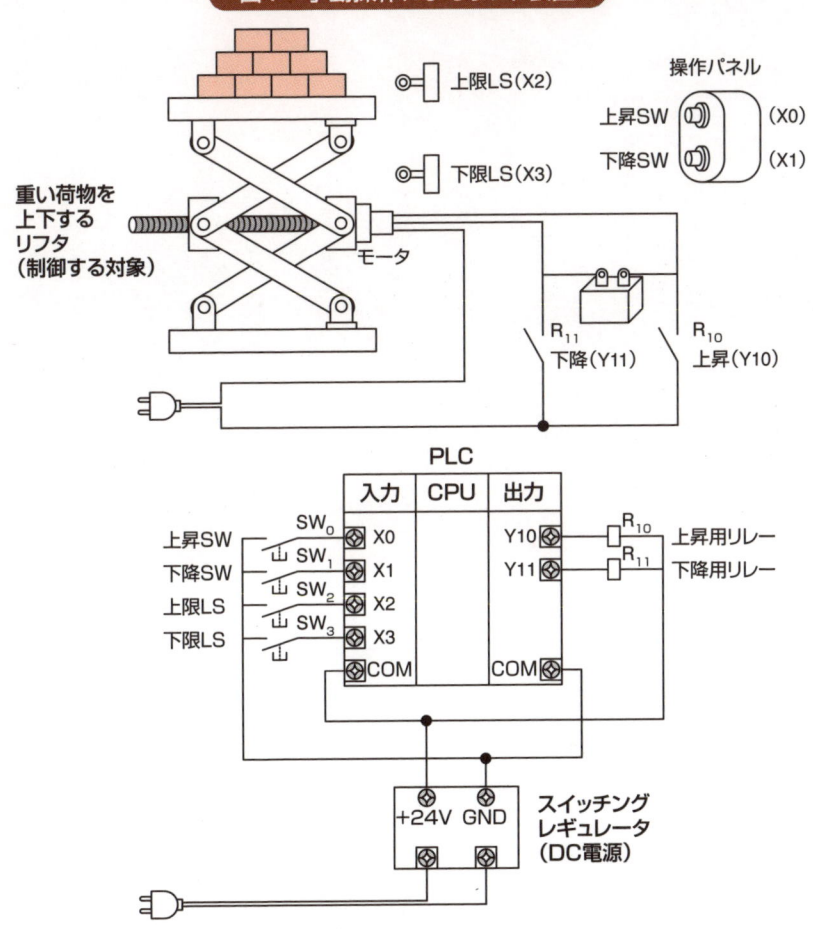

入力	CPU	出力
上昇SW SW_0 X0		Y10 ― R_{10} 上昇用リレー
下降SW SW_1 X1		Y11 ― R_{11} 下降用リレー
上限LS SW_2 X2		
下限LS SW_3 X3		
COM		COM

スイッチングレギュレータ（DC電源）　+24V　GND

図2　インターロックによる操作性の向上

(a) 上昇SW(X0)で上昇出力リレーR_{10}(Y10)をオンする
(b) 下降SW(X1)で下降出力リレーR_{11}(Y11)をオンする

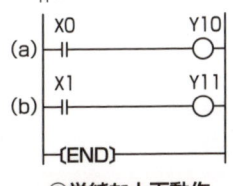

```
       X0          Y10
(a) ──┤├──────────( )──
       X1          Y11
(b) ──┤├──────────( )──
              ─(END)─
```
①単純な上下動作

(a) 下降出力Y11がオンしているときは上昇出力Y10はオンしない
(b) 上昇出力Y10がオンしているときは下降出力Y11はオンしない

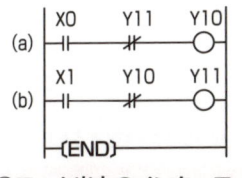

```
       X0   Y11    Y10
(a) ──┤├──┤/├─────( )──
       X1   Y10    Y11
(b) ──┤├──┤/├─────( )──
              ─(END)─
```
②モータ出力のインターロック

(a) 上昇SWを押しても上限LS(X2)がオンしたら上昇しない
(b) 下降SWを押しても下限LS(X3)がオンしたら下降しない

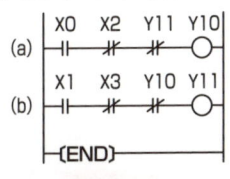

```
       X0   X2   Y11   Y10
(a) ──┤├──┤/├──┤/├────( )──
       X1   X3   Y10   Y11
(b) ──┤├──┤/├──┤/├────( )──
              ─(END)─
```
③動作リミット

Column

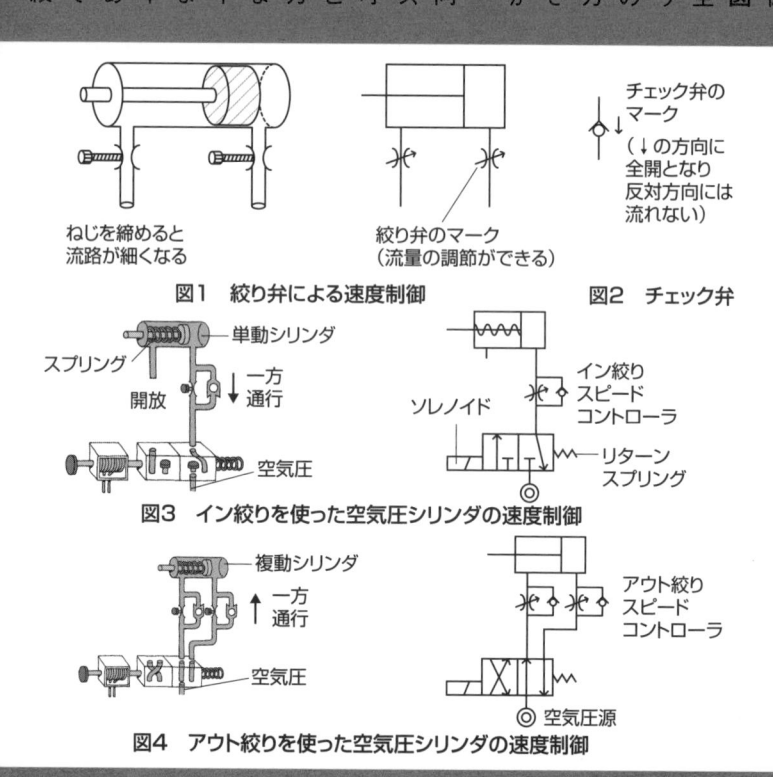

空気圧シリンダの速度制御

空気圧シリンダの速度を制御するには、絞り弁を使います。図1のようにシリンダに流入する空気の量を絞り弁で制限するとシリンダの速度を調節できます。この場合、空気を入れる方も抜く方も同じように空気の流れが制限されるので、思うように速度制御ができません。

そこで、絞り弁と図2の方向制御弁（チェック弁）を一体にしたスピードコントローラ（スピコン）と呼ばれるものが利用されます。スピコンを使うと前進方向と後退方向の速度を独立して調節できます。方向制御弁の向きによってイン絞りかアウト絞りに分類されます。イン絞りは図3のような単動型シリンダに使われることがあります。また、複動型シリンダでは一般に、図4のようなアウト絞りが利用されます。

図1 絞り弁による速度制御
ねじを締めると流路が細くなる

図2 チェック弁
絞り弁のマーク（流量の調節ができる）
チェック弁のマーク（↓の方向に全開となり反対方向には流れない）

図3 イン絞りを使った空気圧シリンダの速度制御
スプリング／単動シリンダ／開放／一方通行／空気圧／イン絞りスピードコントローラ／ソレノイド／リターンスプリング

図4 アウト絞りを使った空気圧シリンダの速度制御
複動シリンダ／一方通行／空気圧／アウト絞りスピードコントローラ／空気圧源

第5章

センサ入力を使ったシーケンス制御

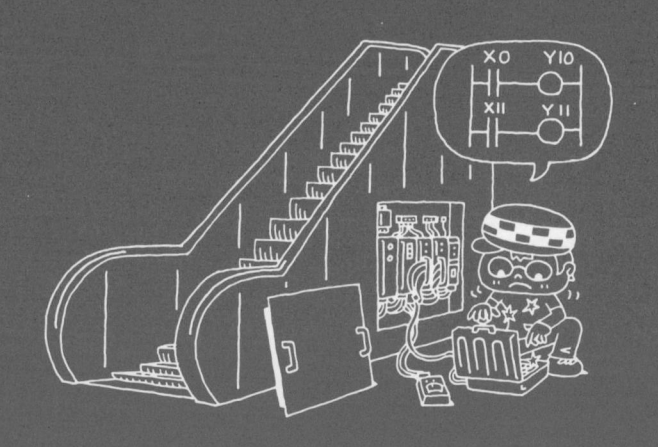

46 センサって何?

物理量を検出し電気信号に変換して制御に使う

シーケンス制御におけるセンサとは、検出する対象物によって変化する物理量を電気の信号に変換するものです。物理量には、光、熱、音、磁気、運動、重さ、抵抗変化、振動などいろいろなものがあります。その物理量を検出するのがセンサです。しかし物理量を検出しただけでは制御には使えません。物理量を電気信号に変換して制御回路に接続できるようになっていることが重要です。

リミットスイッチは機械装置の動きを検出するスイッチです。図1(a)はモータで回転する円盤の位置を検出するために円盤にドグをつけてリミットスイッチのオンオフを行うようにしたものです。スイッチがオンになった場所でモータを停止すると切り欠きがちょうど水平の位置に来るようになっています。この装置と図1(b)の押しボタンスイッチを比較してみると、スイッチを押すのがドグなのか指なのかの違いだけということになります。押しボタンスイッチは指の動きを検出しているとも考えることもできます。

センサの最も一般的な用途は品物の有り無しを判別することです。特にワークと呼ばれる自動化の対象物の有り無しの判別によく使われます。人が品物の有る無しを検出するのであれば、触ってみるか目で見るのが一般的でしょう。

触ったときに品物があることを検出するのと同じようにスイッチを使う方法があります。スイッチはレバーのような操作部を動かすとレバーの動きを電気接点のオンオフ信号に変換してくれます。特定の場所にのみ品物が有るか無いかを調べるには、たとえば図2のように、スイッチのレバーの上に品物を置くと品物の重みでレバーが作動するようにしてあきます。あるいは図3のように品物をシリンダで押して指定の位置に来たときに、スイッチをオンするようにしておけば、ワークがあるときにスイッチがオンするので、その信号を制御回路に接続できます。

要点BOX
- センサは重さ、運動、抵抗変化など物理量を検出
- 品物の有無検出のしくみ
- 押しボタンとリミットスイッチの違い

図1 リミットスイッチと押しボタンスイッチの違い

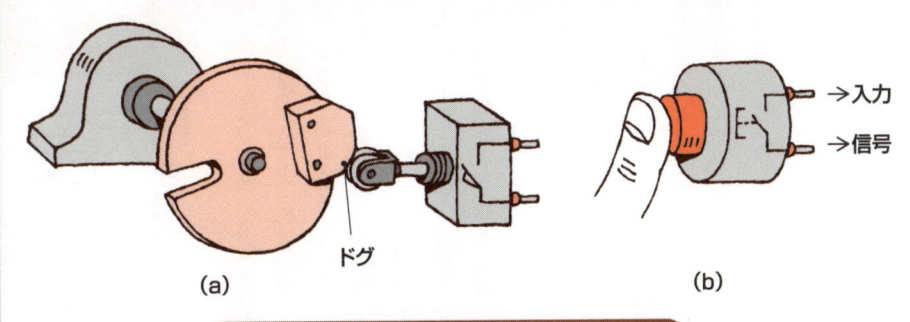

(a) ドグ

(b) →入力 →信号

図2 定位置に置いた品物の検出

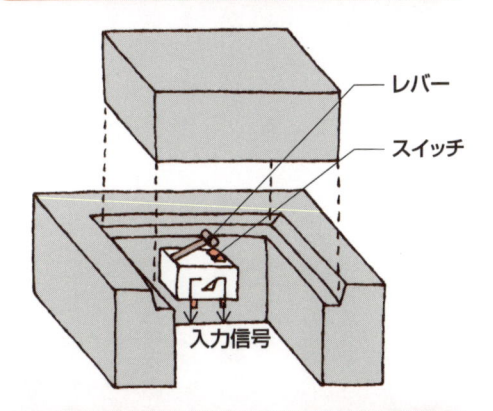

レバー
スイッチ
入力信号

図3 移動してきた品物の検出

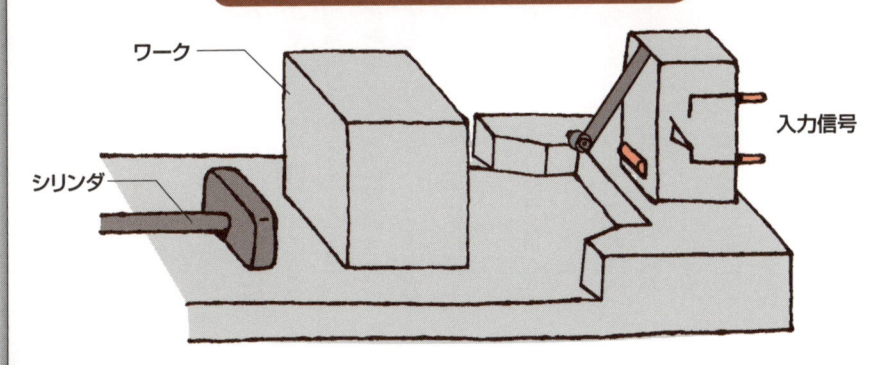

ワーク
シリンダ
入力信号

● 第5章 センサ入力を使ったシーケンス制御

47 接触センサを使ったワークの判別

センサを動かしてワークの有無を検出

接触センサを使った検出方法はワークに直接触れるので設置する場所はワークの通り道になってしまいます。センサがワークの通り道をふさいでしまったり、作業のじゃまになったりするとセンサを取り付けられません。

このような場合にはワークが通過するときにセンサを移動することを考えます。普段はセンサが引っ込んでいて、ワークを判別するときにだけセンサをその位置に移動してみます。

図1はセンサを空気圧シリンダで上下して、ワークの有無を検出する装置です。スムーズに上下するようにリニアガイドにセンサがついています。スタートSWを押すとシリンダが下降して、シリンダについている下降端のリードスイッチがオンします。そのときにワーク有無センサのリードスイッチがオンしていればワークがあることが判定できます。もしシリンダが下降端に来てもワーク有無センサがオンしなければワークがないということになります。

図2はこの装置をPLCで制御するための配線図です。PLCの入力端子のX0にスタートSWが配線されています。シリンダの下降端のリードスイッチはX1に、ワークの有無を検出する接触センサはX2に接続されています。シリンダを下降するソレノイドバルブは出力端子のY10に接続し、2つのランプをY11とY12に接続してあります。

図3はこの装置の制御を行うラダープログラムです。1行目はスタートスイッチX0を押すと、シリンダの下降用ソレノイドバルブを駆動する出力リレーコイルY10をオンにします。そのまま下がり切るまでスタートSWを押し続けていると、下降端のリードスイッチX1がオンになります。2行目では、X1がオンしているときにワーク有無センサX2がオンしていればワーク有ランプを点灯させています。3行目ではX1がオンしたときにX2がオンしなければ、ワーク無ランプが点灯するようになっています。

要点BOX
- ●じゃまになるセンサは動かして使う
- ●PLCとセンサの配線図
- ●有無判定のラダープログラム

図1　接触センサを移動してワークを検出する装置

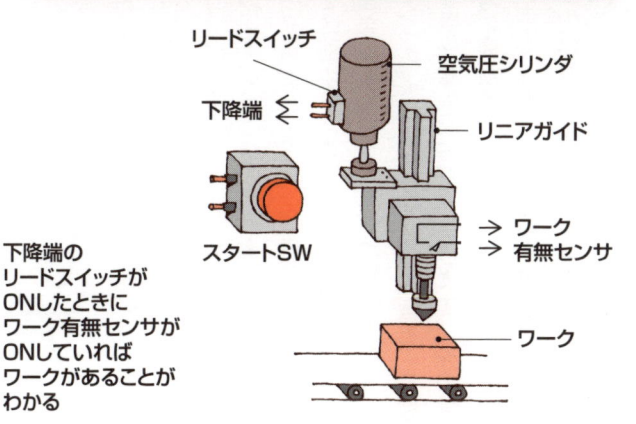

- リードスイッチ
- 空気圧シリンダ
- 下降端
- リニアガイド
- スタートSW
- ワーク有無センサ
- ワーク

下降端のリードスイッチがONしたときにワーク有無センサがONしていればワークがあることがわかる

図2　PLCとの配線図装置

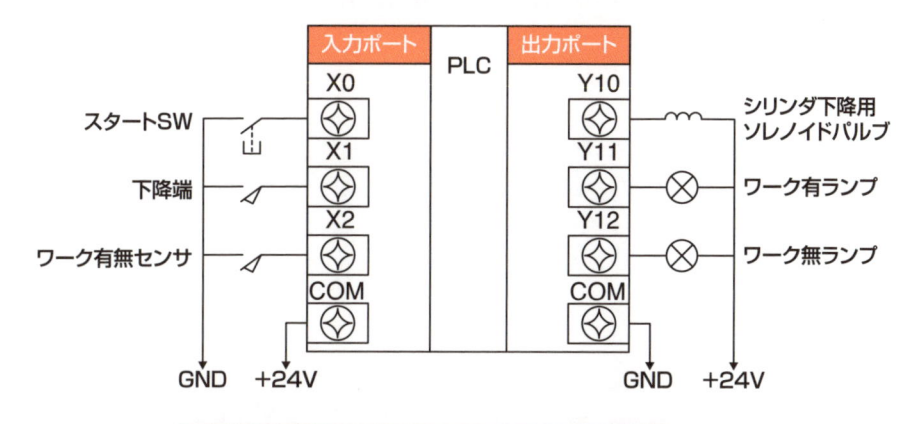

入力ポート
- X0　スタートSW
- X1　下降端
- X2　ワーク有無センサ
- COM　+24V / GND

出力ポート
- Y10　シリンダ下降用ソレノイドバルブ
- Y11　ワーク有ランプ
- Y12　ワーク無ランプ
- COM　+24V / GND

図3　ラダープログラム

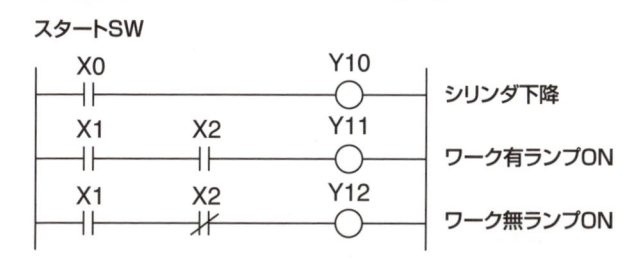

```
   スタートSW
    X0                    Y10
   ─┤├───────────────────( )──── シリンダ下降
    X1    X2              Y11
   ─┤├───┤├──────────────( )──── ワーク有ランプON
    X1    X2              Y12
   ─┤├───┤/├─────────────( )──── ワーク無ランプON
```

48 光電センサの使い方

ワークに触れずに有無検出

ワークに触れずにワークの有り無しを判定する方法もあります。

ワークにLEDなどの光源を当ててその反射光の強弱によってワークの有無を検出するのが、図1の反射型光電センサです。室内灯の光とワークに当てた光を区別するためにワークに当てる光は赤外線や偏向光などを利用します。反射型光電センサは、1つのセンサヘッドに光を発する投光器と、反射光を検出する受光器の両方がついています。光の信号を電気信号に変換するにはフォトトランジスタなどが使われています。変換された電気信号はスイッチと同じオンオフの信号として出力します。どの程度の反射光の量でスイッチをオンにするのかという設定は感度調整用ボリュームで行います。

光を通しにくいワークの有無を判定するのに、図2の透過型光電センサが利用できます。センサヘッドが投光器と受光器に分かれていて、投光器の出した光を直接受光器で検出します。ワークがその光を遮るとオンオフの出力信号が切り替わります。受光器はボリュームで設定します。設定によっては完全に光がどの程度の光を受光したらスイッチを切り替えるかを遮ぎらなくてもワークの有無を判別できます。このスイッチ出力はPLCの入力ユニットの端子に直接接続できるものがほとんどです。

反射型光電センサはセンサヘッドが1つだけなので取り付けが簡単です。しかしワークの色や表面の仕上げの状態や汚れなどによって受光量が変化するので、ワークの表面の状態によっては検出結果が不安定になることがあるので注意します。透過型光電センサは安定的ですが、投光器と受光器の間に障害物がない場所を選び、2つのヘッドを対向に設置しなくてはなりません。光電センサはワークからの距離を離しても検出が可能なので、ワークの通り道や機械の動作のじゃまにならないように配置ができて大変便利です。

要点BOX
- ●光電センサの利用
- ●光電センサは反射型と透過型がある
- ●ワークから離れていても検出可能

図1 反射型光電センサ

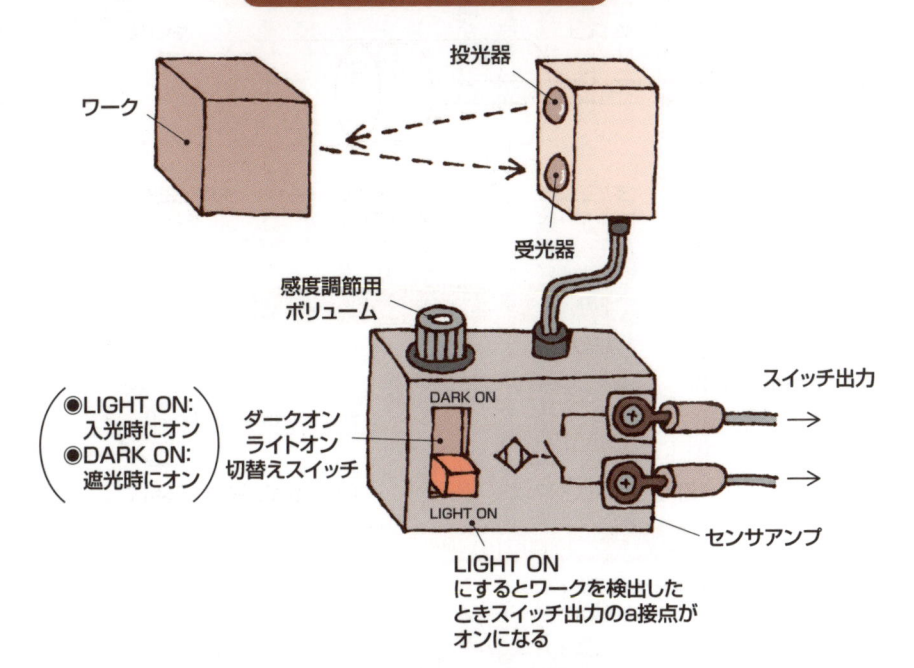

- ワーク
- 投光器
- 受光器
- 感度調節用ボリューム
- ダークオン ライトオン 切替えスイッチ
- DARK ON
- LIGHT ON
- スイッチ出力
- センサアンプ

● LIGHT ON: 入光時にオン
● DARK ON: 遮光時にオン

LIGHT ONにするとワークを検出したときスイッチ出力のa接点がオンになる

図2 透過型光電センサ

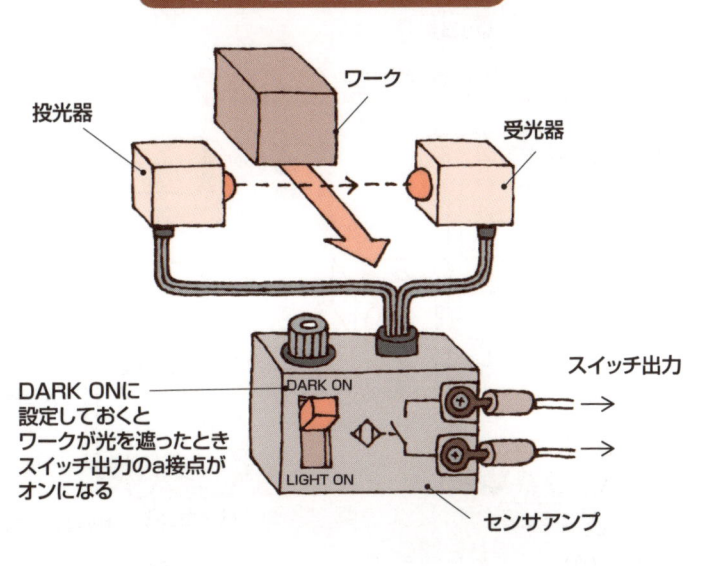

- 投光器
- ワーク
- 受光器
- DARK ON
- LIGHT ON
- スイッチ出力
- センサアンプ

DARK ONに設定しておくとワークが光を遮ったときスイッチ出力のa接点がオンになる

● 第5章 センサ入力を使ったシーケンス制御

49 オンオフ信号を出す近接センサ

ワークが近づくと感知する近接センサ

スイッチや光以外にもワークの有り無しを調べる方法があります。たとえばセンサに品物が近づいたことを感知する近接センサがよく使われます。一般的にはワークが近づいたときに磁界や静電容量が変化する特性を利用しています。高周波型近接センサは、センサヘッドから高周波の磁界を発生していて、磁界に金属が近づいたときの磁界の変化を検出して対象物の有無を検知します。

静電容量型近接センサは誘電体を検知するので、金属だけでなくプラスチックや液体なども検出できますが、一般に応答速度はあまり早くありません。防爆性が要求される場所や、防水になっていて水や油がかかる場所でも使用できる近接センサもあります。

その他に金属と永久磁石が近づくと接点が切り替わるようにした磁気スイッチと呼ばれるものもあります。コウモリやイルカのように超音波を使って障害物を判定するのが超音波センサです。超音波センサは固体だけでなく、透明なフィルムやガラス、液体も検出できます。ただし、空気を伝達媒介としているので、風や反響体、圧力変化や局部的な温度差の影響を受けるので注意します。人を検出して点灯する照明灯などに使われている人感センサは体温によって変化する赤外線量を検出してオンオフ信号を出すセンサです。気体や液体の圧力が設定した圧力になるとスイッチのオンオフ出力が出るようにしたのが圧力スイッチがあります。ある温度になったときにオンオフするスイッチとして、サーモスイッチがあります。温度によって形状が変化するバイメタルや温度によって抵抗値が変化するサーミスタと呼ばれる半導体などが検出器として使われています。

多くのセンサにはコントローラであるアンプが必要です。センサヘッドとアンプが一体になっている内蔵型と分離型があります。

要点BOX
- ●磁界や静電容量の変化を利用した近接センサ
- ●プラスチックや液体、人の検出が可能なセンサ
- ●アンプ内蔵型と分離型

図1 近接センサ

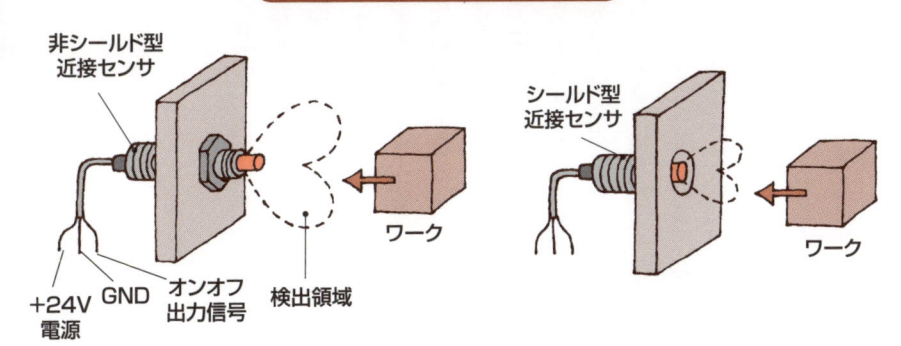

非シールド型近接センサ / シールド型近接センサ / ワーク / 検出領域 / オンオフ出力信号 / +24V電源 / GND

図2 角型近接センサ

角型近接センサ / ワーク

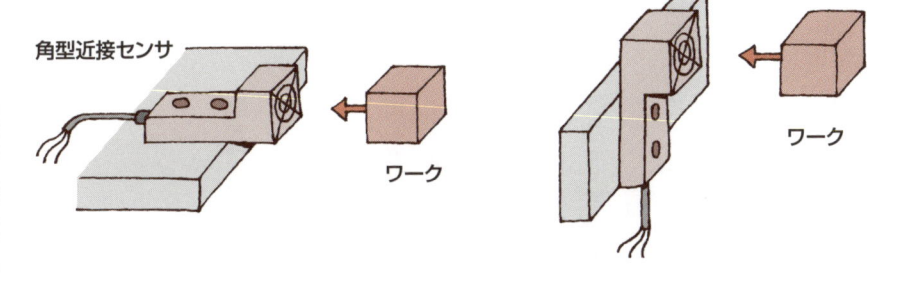

図3 超音波センサ

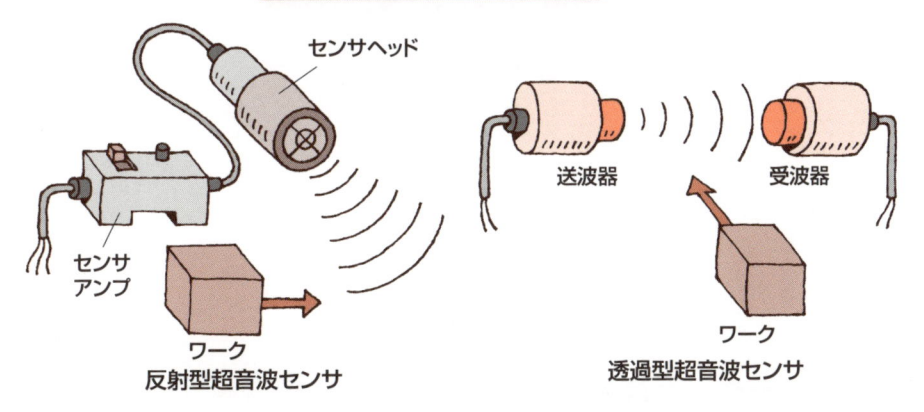

センサヘッド / センサアンプ / ワーク / 反射型超音波センサ / 送波器 / 受波器 / ワーク / 透過型超音波センサ

● 第5章 センサ入力を使ったシーケンス制御

50 計測型センサ

サーミスタ、熱電対など多岐にわたる

液体などの温度の検出には、温度によって抵抗値が変化する半導体であるサーミスタや、温度によって抵抗値が変化する貴金属でできている熱電対が使われます。流量を検出する流量センサは、流路に付けた羽車を回してその回転数を流量値として出力する方法や電磁式などがあります。最近ではセンサに小さなヒータを搭載して、流量による温度分布の変化を検出する方法も実用化されています。

このような測定値の変化は微小な量なので専用のコントローラを搭載して信号を増幅する必要があります。増幅した信号で信号が値を超えたり下回ったりしたときにスイッチをオンオフすればPLCの入出力ユニットに接続して不良品検査などに利用できます。増幅した測定値をアナログ信号として出力すれば図1のようにPLCのアナログ入力ユニットに接続してPLCのプログラムでデータとして処理できます。あるいは図2のようにデジタルパネルメータなどを使って測定値を2進数のデジタルデータ信号に変換してPLCの入力ユニットにデータとして入力する方法もあります。

力や重さを測るには、ひずみによって抵抗値が変化するひずみゲージを使ったロードセルと呼ばれるセンサを使います。距離や長さを検出するには変位センサを利用します。変位センサにはポテンショメータを使った機械式のものや、赤外線を使った光学式、レーザ光線によるレーザ式のほかに、超音波を使ったものや、近接センサのように渦電流を使った変位センサも有ります。変位センサの出力は一般にアナログ信号で出力されるので、図1、図2と同様にアナログ入力ユニットに接続するかデジタルパネルメータのようなコントローラを使ってPLCに接続できる信号に変換します。

モータの回転位置や機械装置のアームの移動量などを測定するには、ポテンショメータやロータリエンコーダ、マグネスケールなどが使われます。

要点BOX
- ●センサは用途に応じて多種多様
- ●アナログ信号の出力ならアナログ入力へ
- ●デジタル信号としても入力可能

図1 アナログ信号として接続する方法

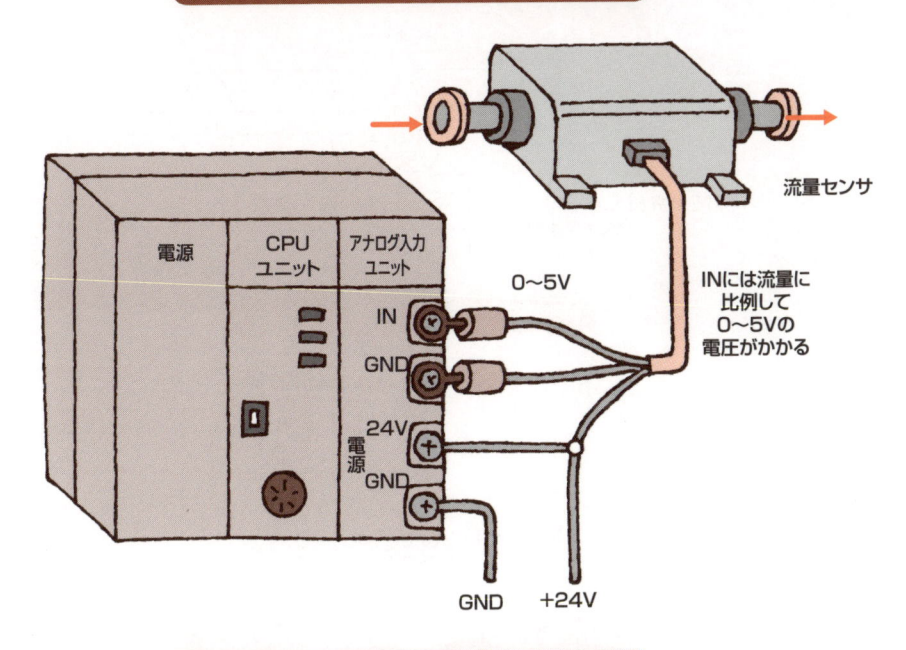

流量センサ

INには流量に比例して0〜5Vの電圧がかかる

電源 / CPUユニット / アナログ入力ユニット
IN
GND
0〜5V
電源 24V
GND

GND　+24V

図2 2進数データとして接続する方法

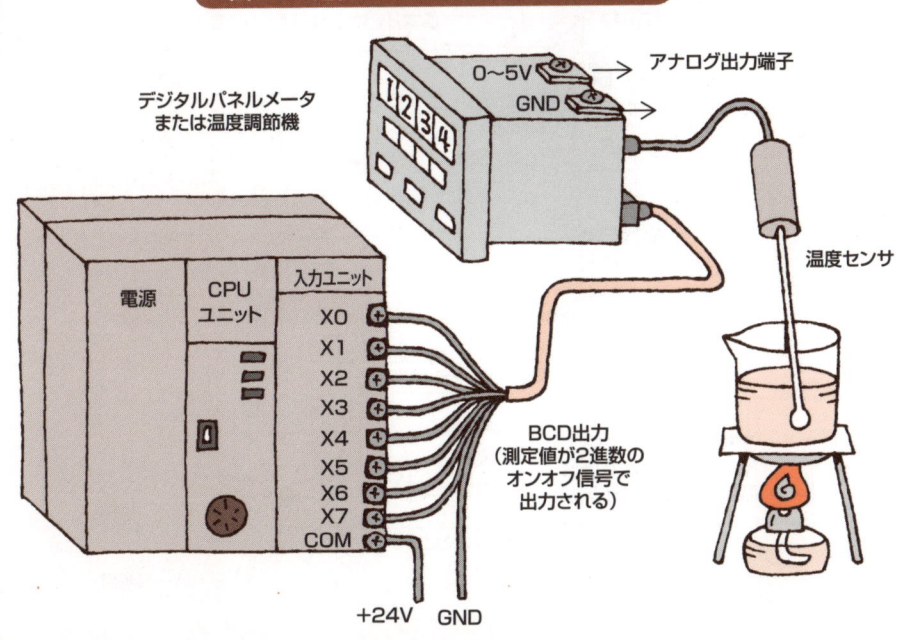

デジタルパネルメータまたは温度調節機

0〜5V → アナログ出力端子
GND →

温度センサ

電源 / CPUユニット / 入力ユニット
X0
X1
X2
X3
X4
X5
X6
X7
COM

BCD出力（測定値が2進数のオンオフ信号で出力される）

+24V　GND

Column

PLCによるロボットの制御

産業用ロボット(アームロボット)を制御するには、ロボットコントローラとティーチングペンダントかロボット専用ソフトをインストールしたパソコンが必要です。ティーチングペンダントやパソコンを使ってロボットプログラムを作成できます。

ロボットは暴走したときや不慮の事故を避けるために、非常停止スイッチを配線しないと動作しないようになっています。

ロボットのプログラムをロボットコントローラに書き込むと、後はロボットコントローラの外部入出力インタフェースを使えばPLCで制御ができます。PLCの出力端子にプログラム選択信号やプログラムスタート信号を与えると、制御信号を接続して、制御信号を与えるとロボットが動作します。ロボットはスタート信号を受けられる状態になるとレディー(READY)信号を出し、運転中はビジー(BUSY)信号を出します。この信号はPLCの入力端子に接続できます。

結局ロボットは、PLCのラダープログラムによるオンオフ信号で制御できるのです。

PLCとロボットコントローラの接続例は左図のようになります。

![PLCとロボットコントローラの接続例図]

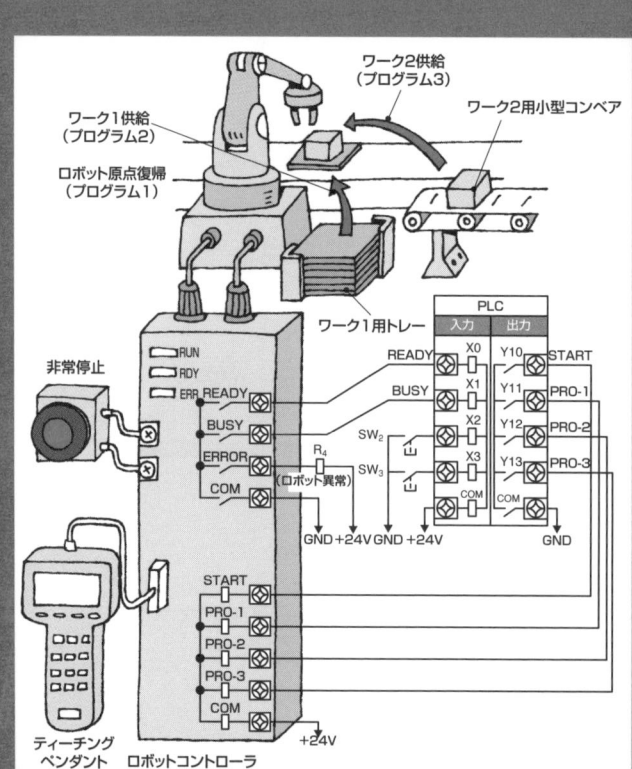

非常停止
ティーチングペンダント
ロボットコントローラ

ワーク2供給(プログラム3)
ワーク1供給(プログラム2)
ロボット原点復帰(プログラム1)
ワーク2用小型コンベア
ワーク1用トレー

RUN / RDY / ERR
READY / BUSY / ERROR / COM
R4(ロボット異常)
GND +24V

START / PRO-1 / PRO-2 / PRO-3 / COM
+24V

PLC 入力 出力
READY X0 Y10 START
BUSY X1 Y11 PRO-1
SW2 X2 Y12 PRO-2
SW3 X3 Y13 PRO-3
COM COM GND
GND +24V

第6章

PLCのデータ処理と高機能ユニット

●第6章　PLCのデータ処理と高機能ユニット

51 データメモリーの使い方

PLCは数値データを格納するメモリーをもつ

PLCにはリレーのオンオフだけでなく、データメモリーと呼ばれる数値データを格納するメモリーがあって、四則演算などの数値演算ができるようになっています。データメモリーは8ビット単位や16ビット単位で構成されています。16ビットの場合、1つのデータメモリーで、0～65535（16進数では0～FFFF）までの数字を扱うことができます。データメモリーを表す記号はPLCによってDやDMなどと記述します。呼び方もデータメモリーとかデータレジスタなどと多少異なりますが同じものです。

データメモリーを使うと、たとえば、D0に200というデータを入れて、D1に50というデータを入れて、この2つを足し算してデータメモリーのD2に代入するというような演算ができます。この演算は+演算子を使い、[+ D0 D1 D2]などと記述します。データメモリーD0に代入されている数値とD1に代入されている数値を+演算して、D2に代入すると

いう意味になります。この命令が実行されると、D2には250という値が入ります。引き算であれば、[- D0 D1 D2]などと書きます。掛け算は*、割り算は/が使われます。

データメモリーに数値を設定するには、MOV命令を使います。MOVはデータを転送することを意味しています。10進数の7をデータメモリーのD3に設定するには、たとえば、[MOV K7 D3]という命令を実行します。K7は10進数の7を意味しますが、PLCによっては#7などと記述するものもあります。

データ同士を比較するには、CMP命令や比較演算子　=　<　>　<>　などがあり、2つのデータの大きさを比較してその結果によって場合分けができるようになっています。たとえば、アナログセンサから読み込んだ数値をデータメモリーに入れておき、あらかじめ設定された数値とデータメモリーに入れておき比較すれば、センサの信号の大小を判定することができます。

要点BOX
●四則演算などができる
●データメモリーに数値データを設定するには
●データ同士を比較するには

図1　データの転送と四則演算

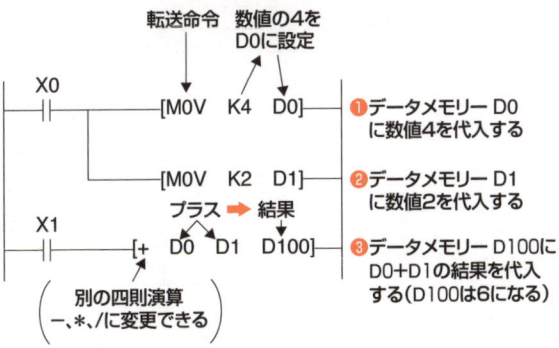

```
        転送命令  数値の4を
                 D0に設定
   X0     ↓       ↓
 ──┤├────[MOV  K4   D0]──  ❶ データメモリー D0
   │                          に数値4を代入する
   │
   ├─────[MOV  K2   D1]──  ❷ データメモリー D1
   │                          に数値2を代入する
   X1      プラス ➡ 結果
 ──┤├────[+  D0  D1  D100]──  ❸ データメモリー D100に
         ╲_____╱             D0+D1の結果を代入
         別の四則演算             する（D100は6になる）
         −、*、/に変更できる
```

> データの値が16ビット（0〜65535）を超えるときには、32ビット演算命令を使います。この場合、2つのデータメモリーを使って1つの数値を表現するようにします。

入力リレー X0がONすると❶と❷の転送命令を実行する。
X1がONすると❸の足し算が実行されて結果がD100に代入される。

図2　データの比較演算

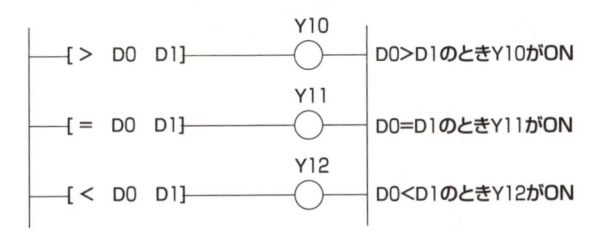

```
            Y10
──[> D0 D1]──◯──  D0>D1のときY10がON

            Y11
──[= D0 D1]──◯──  D0=D1のときY11がON

            Y12
──[< D0 D1]──◯──  D0<D1のときY12がON
```

比較演算子>、=、<によってデータメモリーに入っている数値の大きさを比較して、その結果によって、リレーコイルをオンオフする。
たとえば、D0が4、D1が2ならばY10のコイルがオンになる。

　数値演算では、バイナリ（BIN）データと呼ばれる2進数の直接表示形式か、4ビットの2進数を10進数の1桁として扱う2進化10進数（BCD）による演算なのかを区別する必要があります。普通の四則演算はBINで行いますが、BCDで行うときには、別の四則演算命令を使う必要があります。
　たとえば、数値入力用のデジタルスイッチ（サムロータリスイッチともいう）からデジタル入力ユニットを使ってデータの取り込みをするときや7セグメントLED表示器に数値データを表示するときなどに、BIN命令、BCD命令を使ってデータ形式の変換を行います。

──[BIN D10 D20]
　　D10のBCD値をBIN値に変換してD20に代入する。

──[BCD D40 D50]
　　D40のBIN値をBCD値に変換してD50に代入する。
　　BCDの表現では16ビットの場合、10進数で0〜9999の範囲になる。

52 数値データ演算の応用例

PLCはマイコンのようなプログラムも書ける

データメモリーの値を外部から変更するのにデジタルスイッチを使うことがあります。また、データメモリーの値を表示するのに7セグメントのLED表示器などが利用されることがあります。図1はそのシステム構成です。

図2は三菱電機製のPLCに4桁のデジタルスイッチを入力端子X0～XFに、7セグメント表示器を出力ユニットのY10～Y1Fに接続した例です。このデジタルスイッチの入力は、1桁の数値を4ビットで表すのでX0～X3が下1桁目、X4～X7が2桁目、X8～XBが3桁目、XC～XFが最上位桁を表します。このデータを読み込むと0000～9999までのBCD値になります。

これをBIN変換して数値の5を足し算するものです。その結果を7セグメント表示器に表示するためにまたBCD値に変換して出力しています。BCDは4ビット単位なので、その4ビットがいくつあるかを指定するのにK4X0としてX0～XFを指定しています。

K1X0なら、X0～X3が指定できます。

図3はその値をオムロン製のPLCを使ったプログラム例です。
図4はオムロン製のPLCを使ったプログラム例です。タイマやカウンタの設定値をデジタルスイッチで設定してデータメモリー（DM0）で指定して、デジタルスイッチで設定した数値データを転送命令（MOV）でデータメモリー（DM0）に転送しています。

その他特殊なものとしては、三角関数であるサイン（SIN）、コサイン（COS）、タンジェント（TAN）などの応用命令に分類される特殊関数命令などを使うときにもデータメモリーに数値を設定して演算をします。

PLCの中ではマイクロコンピュータが計算を行っているので、マイコンでプログラミングできるような演算はほとんどラダープログラムで行うこともできるようになっています。ただし、演算速度はそれほど速くありません。

要点BOX
- デジタルスイッチで入力
- タイマやカウンタの設定値をメモリーで指定
- SIN、COS、TANの演算も7セグLEDに出力

図1 システム構成図

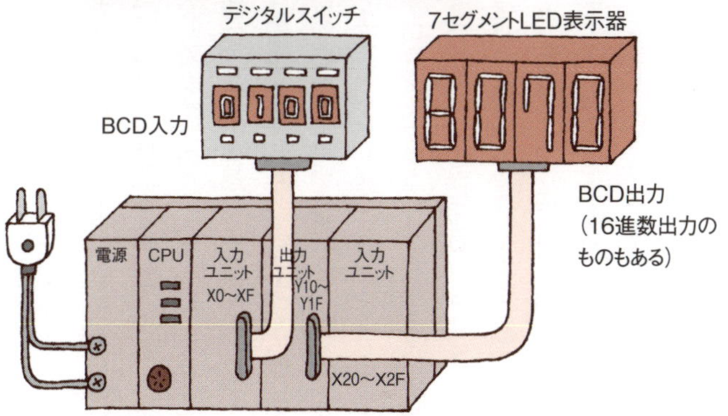

デジタルスイッチ
BCD入力

7セグメントLED表示器
BCD出力
（16進数出力のものもある）

電源　CPU　入力ユニット X0～XF　出力ユニット Y10～Y1F　入力ユニット X20～X2F

図2 7セグメント表示器に表示するプログラム

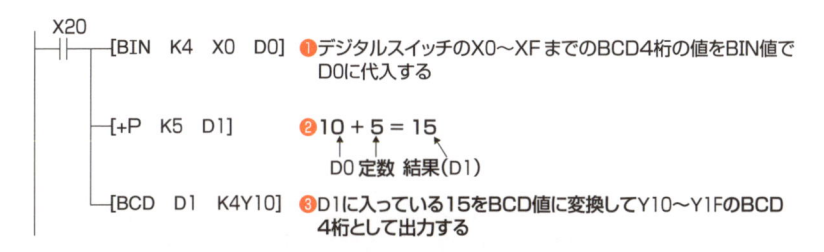

```
 X20
──┤├──[BIN  K4  X0  D0]    ❶デジタルスイッチのX0～XFまでのBCD4桁の値をBIN値で
                              D0に代入する

      ─[+P  K5  D1]         ❷ 10 + 5 = 15
                               ↑    ↑    ↑
                              D0  定数  結果(D1)

      ─[BCD  D1  K4Y10]     ❸D1に入っている15をBCD値に変換してY10～Y1FのBCD
                              4桁として出力する
```

図3 デジタルスイッチの数値入力をタイマ設定値にするプログラム

入力X21がオンすると、デジタルスイッチの値がD20に代入される。タイマT1の設定がD20になっているので、デジタルスイッチの数値がタイマ設定値になる。X22がオンしてからデジタルスイッチ設定した時間が経過するとT1の接点が切り替わるプログラム。

```
 X21
──┤├──[BIN  K4X0  D20]   X0～XFまでの
                            デジタルスイッチ
                            のデータをD20
                            に代入

 X22            T1
──┤├──────( )        タイマT1の設定値
              D20         としてD20を使用
```

図4 タイマのデジタルスイッチによる設定

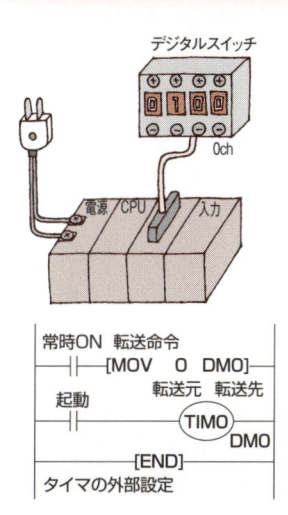

デジタルスイッチ
0ch

電源　CPU　入力

```
常時ON  転送命令
──┤├──[MOV  0  DM0]
 起動    転送元 転送先
──┤├────(TIM0)
               DM0
         ─[END]─
```
タイマの外部設定

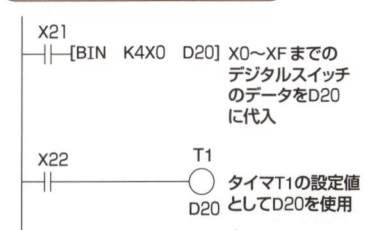

●第6章　PLCのデータ処理と高機能ユニット

53 高機能ユニットとは

PLCの機能を拡張する増設ユニット

PLCの高機能ユニットとは、PLCの機能を拡張するための増設ユニットです。PLCのCPU単体では実現が難しい機能を追加するときに使用します。ベース装着タイプのPLCではベースユニットのスロットに高機能ユニットを差し込みます。パッケージタイプのものは拡張バスにフラットケーブルなどで接続します。PLCの機種によって特殊ユニット、またはインテリジェントユニットなどと呼ばれることもあります。

アナログデータをデジタルデータに変換するA／D変換ユニット、その逆のD／A変換ユニット、高速な入力信号を確実にカウントする高速カウンタユニット、割込みプログラムに使用する割込み入力ユニット、サーボモータやパルスモータなどの数値制御を行う位置決めユニット、PLC同士でデータを共有するネットワークユニット、PLCとパソコンや計測器との通信をするシリアルコミュニケーションユニット、オープンフィールドネットワークユニット、温度をPID制御する温調ユニットなどさまざまなものが提供されています。

高機能ユニットはPLCのCPUとは独立した制御を行うため、動作パラメータの設定などは、バッファメモリと呼ばれる高機能ユニットのメモリーエリアに対して行います。

このパラメータの設定はPLCのCPUに書き込むラダープログラムを使って行うこともできますが、最近ではコンフィグレータと呼ばれる専用のユーティリティソフトウェアで設定することが一般的になってきています。ラダープログラム開発用ソフトの専用にユーティリティソフトが組み込まれているものもあります。

PLCのCPUユニットと機能拡張ユニットのバッファメモリ間のデータのやりとりは、PLCのバスを通して行われ、ラダープログラムのMOV、TO、FROMなどの命令語を使って、、データの書込みや読出しを行います。

要点BOX
- ●AD／DA変換ユニット
- ●高速カウンタユニット
- ●パラメータを設定する専用のコンフィグレータ

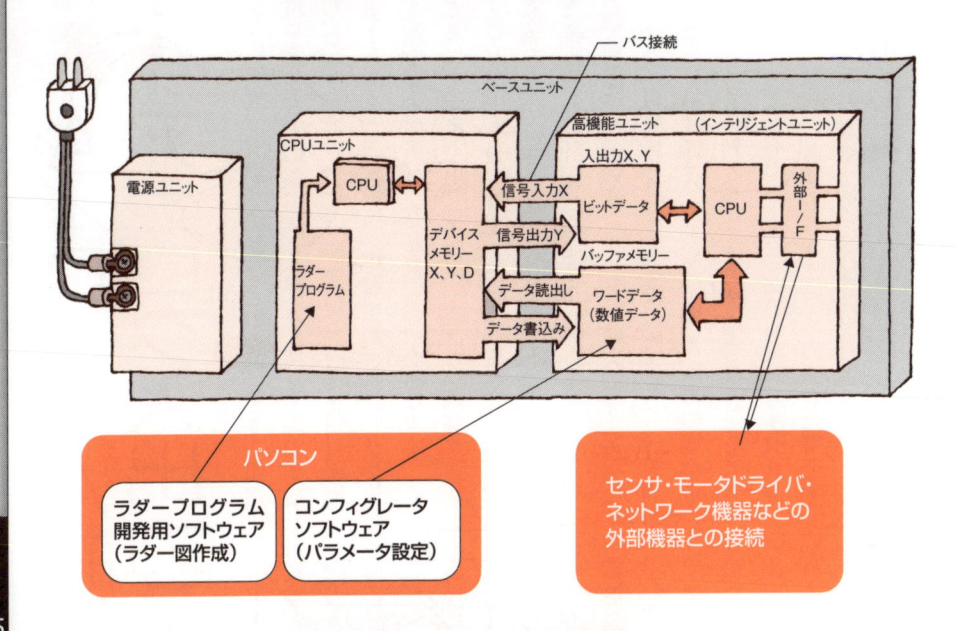

高機能ユニット模形図

- バス接続
- 電源ユニット
- ベースユニット
- CPUユニット
  - CPU
  - ラダープログラム
- デバイスメモリー X、Y、D
- 信号入力X
- 信号出力Y
- データ読出し
- データ書込み
- 高機能ユニット（インテリジェントユニット）
  - 入出力X、Y
  - ビットデータ
  - バッファメモリー
  - ワードデータ（数値データ）
  - CPU
  - 外部I/F

パソコン
- ラダープログラム開発用ソフトウェア（ラダー図作成）
- コンフィグレータソフトウェア（パラメータ設定）

センサ・モータドライバ・ネットワーク機器などの外部機器との接続

よく使われる高機能ユニット例

- ●A/D変換ユニット
  アナログデータをデジタルデータに変換する
  接続機器：計測型センサ・ポテンショメータ・ファンクションジェネレータなど
- ●D/A変換ユニット
  デジタルデータをアナログデータに変換して出力する
  接続機器：アナログ制御型サーボモータ・サーボバルブなど
- ●高速カウンタユニット
  高速に変化する入力信号を確実にカウントする
  接続機器：ロータリエンコーダ・パルス発振器など
- ●割込み入力ユニット
  割込みプログラムに使用する
  接続機器：センサやコントローラからのデジタル入力信号
- ●位置決めユニット
  数値制御による位置決めを行う
  接続機器：サーボモータ・パルスモータ・リニアモータなど
- ●ネットワークユニット
  PLC同士でデータを共有する
- ●シリアルコミュニケーションユニット
  PLCとパソコンや計測器、その他のコントローラとの通信をする
- ●オープンフィールドネットワークユニット
  デバイスネット・CCリンクなどのホストおよびスレーブ
- ●温度調節ユニット
  温度をPID制御する
  接続機器：温度センサ・ヒータ制御装置など

54 A／D・D／A制御をする アナログ入出力ユニット

アナログ信号の入出力を行う高機能ユニット

センサには光や温度や位置などの物理量を、電流や抵抗や電位などの電気的な量に変換して出力する計測型センサがあります。計測型センサには、温度を測定する温度センサや、距離を測る変位センサ、圧力を測定する圧力センサなどいろいろあります。

たとえば、温度センサは温度によって抵抗値が変化するような素子を使います。抵抗値が変化すれば電圧や電流の変化に置き換えられるので、その電圧や電流を読み取れば計測した温度がわかります。

そこで電圧や電流の変化をPLCに入力するアナログ入力（A／D変換）ユニットが使われます。一般的な入力信号は規格化されていて、電流入力の場合0～20mA、4～20mA、電圧入力の場合は0～5V、1～5V、マイナス5V～プラス5V、マイナス10V～プラス10Vなどが使われます。入力された電圧や電流値（アナログ値）は数値（デジタル値）に変換してバッファメモリーに記憶します。

アナログ値をデジタル値に変換することをA／D変換と呼んでいます。たとえば、0～5Vの入力範囲のA／D変換ユニットが、0～4000までの数値に変換するのであればバッファメモリーに0という数値が入っていれば、元の電圧は0Vで、2000ならば元の電圧は2・5Vだったことが分かります。バッファメモリーに格納されたデータをラダープログラムで読み出す命令はFROMやMOVなどを使います。

一方、アナログ出力（D／A変換）ユニットは電圧や電流値を出力するユニットです。マイナス4000までの数値をマイナス10～プラス10Vに変換するユニットであればバッファメモリーに数値の3000を書き込めばプラス5V、マイナス1000でマイナス5Vが出力されます。書込み命令はTOやMOVなどがあります。アナログ入出力ユニットに対する変換開始信号はラダープログラムに記述します。

要点BOX
- 電圧や電源の変化をPLCに入力する
- いろいろな計測形センサ
- 電流や電圧値を出力するユニット

A/D変換ユニットとPLCのCPUとのデータ受渡し

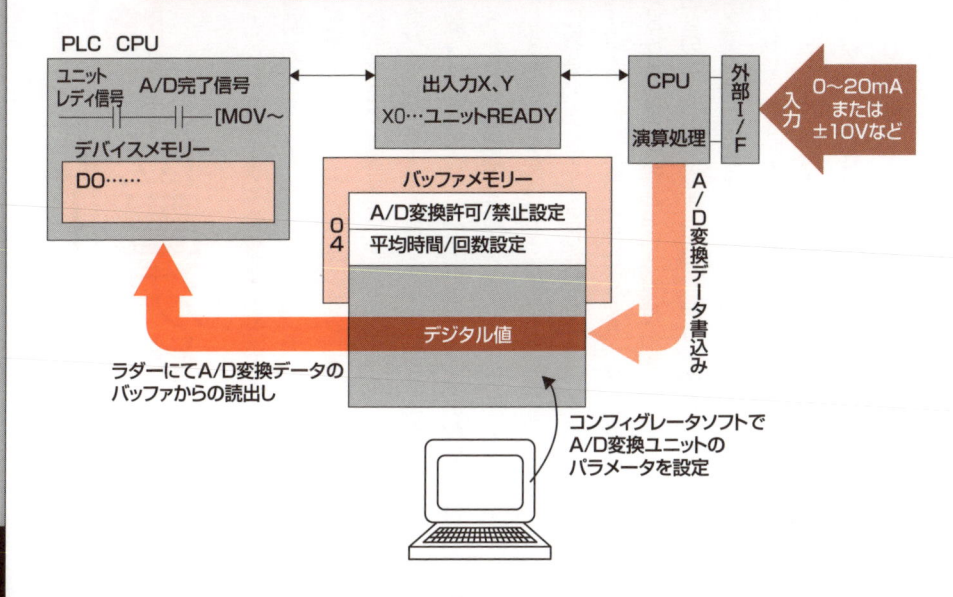

PLC CPU

ユニットレディ信号 — A/D完了信号 — [MOV~
デバイスメモリー
D0……

出入力X、Y
X0…ユニットREADY

CPU 演算処理

外部I/F

0～20mA または ±10Vなど 入力

バッファメモリー
0 A/D変換許可/禁止設定
4 平均時間/回数設定
デジタル値

ラダーにてA/D変換データのバッファからの読出し

コンフィグレータソフトでA/D変換ユニットのパラメータを設定

高機能ユニットのバッファメモリーからのデータ読み込み命令

バッファメモリーからのA/D変換データの読み出しに使用する命令(三菱電機製)

❶ ┤├──[FROM ユニット番号 バッファメモリーアドレス 転送先アドレス 個数]

❷ ┤├──[MOV Uユニット番号¥Gバッファメモリーアドレス 転送先アドレス]

〔例〕 A/D変換ユニット番号0番、A/D変換後のデジタル出力値が
バッファアドレス11番に入っており、PLCのD0に転送

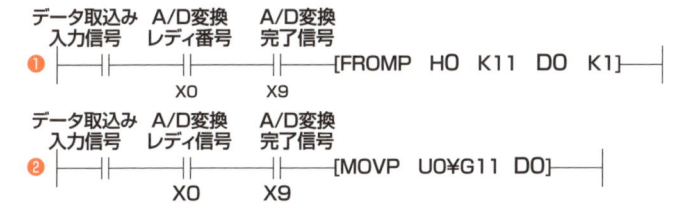

データ取込み入力信号 / A/D変換レディ番号 / A/D変換完了信号

❶ ┤├──┤├──┤├──[FROMP H0 K11 D0 K1]
　　X0　　X9

データ取込み入力信号 / A/D変換レディ信号 / A/D変換完了信号

❷ ┤├──┤├──┤├──[MOVP U0¥G11 D0]
　　X0　　X9

55 モータの数値制御をする位置決めユニット

位置の数値制御を行う

ステッピングモータや位置制御型のサーボモータは数値制御型モータと呼ばれます。モータの制御ドライバに電気的なパルス（短いオンオフ信号）を入れるごとに回転する角度が決まっているモータで、連続したパルス（パルス列）をモータに与えて回転を制御します。

位置決めユニットは、数値制御型モータの位置制御を行うための高機能ユニットです。パルス制御ユニットとかパルス発振器と呼ばれる場合もあります。図1のように数値制御型モータに接続します。

モータを1回転させるのに必要なパルス数をppr (pulse per revolution)という単位で表します。

図2のボールねじを1000pprの数値制御型モータで駆動してみます。ねじのリード（1回転当たりの移動量）が4mmだとすると、位置決めユニットからモータに1000パルスを与えたときに、スライドテーブルが4mm動きます。100mm動かすには、25000パルスをモータに送ることになります。

パルスを短い間隔で送るほどモータの回転速度は速くなります。そこで、単純に25000パルスを出力するのではなく、始動と終了時にはゆっくりと動くようにパルス間隔を開けて制御します。図3は速度特性が台形になるようにした例です。

図4は原点復帰を行うものです。数値制御をするにはシステムを立ち上げた際に、モータの原点復帰を行って、いつも同じ位置から開始する必要があります。位置決めユニットから動かしたいパルスを出すには位置決めユニットのバッファメモリに移動量とパラメータを書込みます。位置決めのデータやパラメータはコンフィグレータソフトウェアやラダープログラムで書き込みます。各データをバッファメモリーに書き込んだ後はラダープログラムで位置決め開始信号を与えて、位置決めユニットからパルス列を出力させます。位置決めが完了したら、位置決めユニットから位置決め完了信号が出ます。

要点BOX
- ●数値制御型モータのしくみ
- ●ボールねじの位置決め
- ●台形制御と原点復帰

図1 位置決めユニットによるサーボモータとステッピングモータの数値制御

サーボモータ / エンコーダ / テーブル / ボールねじ / ステッピングモータ

PLC / 電源 / CPU / 位置決めユニット / 前段増幅 / ドライブ回路 / サーボドライバ

PLC / 電源 / CPU / 位置決めユニット / 正転パルス / 逆転パルス / ステッピングモータドライバ

起動SW　起動信号

バッファメモリー
- パラメータ
- 位置決めデータ1
- 位置決めデータ2

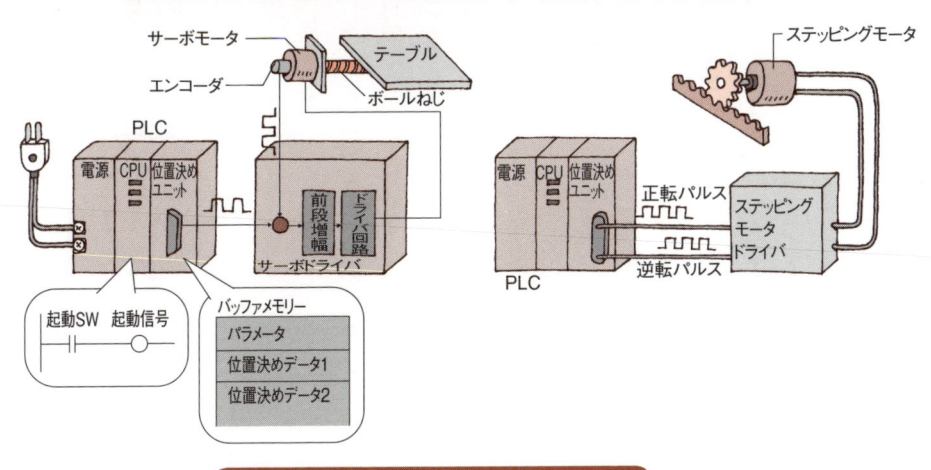

図2 ボールねじの位置決め

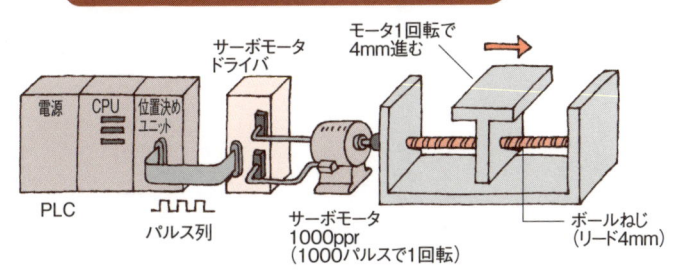

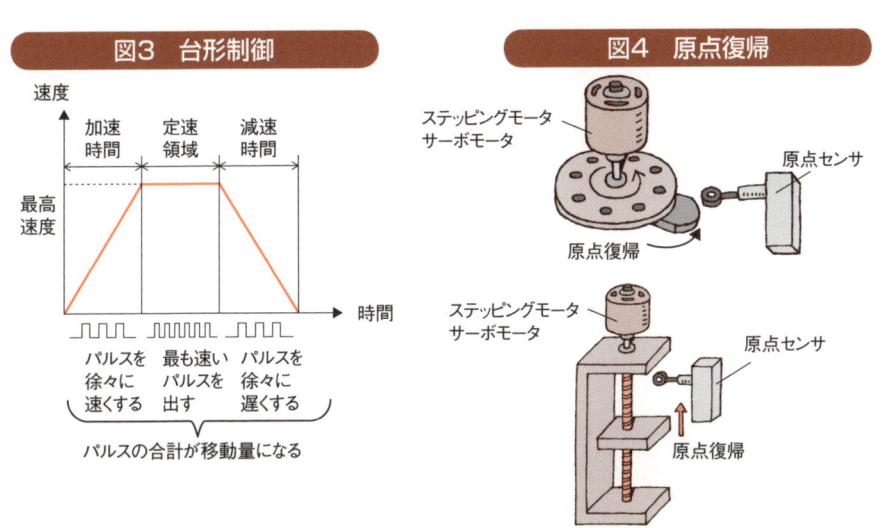

電源 / CPU / 位置決めユニット / PLC / パルス列 / サーボモータドライバ / サーボモータ 1000ppr（1000パルスで1回転）/ モータ1回転で4mm進む / ボールねじ（リード4mm）

図3 台形制御

速度 / 加速時間 / 定速領域 / 減速時間 / 最高速度 / 時間

パルスを徐々に速くする　最も速いパルスを出す　パルスを徐々に遅くする

パルスの合計が移動量になる

図4 原点復帰

ステッピングモータ　サーボモータ / 原点センサ / 原点復帰

ステッピングモータ　サーボモータ / 原点センサ / 原点復帰

56 PLCのネットワーク機能

PLCには次のように、いろいろなネットワークを構成するユニットが揃っています。

① PLCネットワークユニット

PLCのCPU同士を専用のネットワークで結んで、CPU間でデータを共有する機能を提供します。ほかのPLCのデータメモリーの数値データとビットのオンオフの信号などを読めるようになります。光ファイバまたは同軸ケーブルなどを使って高速通信を行います。専用の拡張ボードを使用してパソコンを同一ネットワークに入れることもできます。

② リモートI/O・オープンフィールドネットワーク

PLCの入出力をCPUから離れた位置において通信で入出力を制御する省配線のためのネットワークです。PLC間、PLCとI/Oユニット、PLCと各種制御装置などとの接続が可能です。デバイスネット、コンポネット、CC-Linkなどという商品名で提供されています。最近ではCC-Link IEのように、RJ45（イーサネット）のパソコンLAN配線のハブを利用して1Gbpsの高速通信を可能としているものもあります。

③ シリアルコミュニケーションユニット

シリアルインタフェース（RS232C通信機能）を持った計測器やセンサ、バーコードリーダ、RF-ID、タッチパネル、パソコンなどとのデータの送受信を行うためのユニットです。さまざまな機器からのデータを受信して製品管理を行ったり、PLCのラダープログラムでRS232Cを経由してコマンド（命令語）を送って、機器の通信制御を行うこともあります。

④ イーサネットユニット

イーサネットユニットを使うと、パソコンと同じようにハブを通してLANに接続してPLCのプログラミングやモニタリングを行うこともできます。パソコンとの間でデータの送受信を行ったり、イーサネットを経由してPLC同士でのデータの送受信もできます。

要点BOX
- ●PLCネットワークユニット
- ●オープンフィールドネットワーク
- ●イーサネットユニット

PLCのネットワーク構成用ユニット

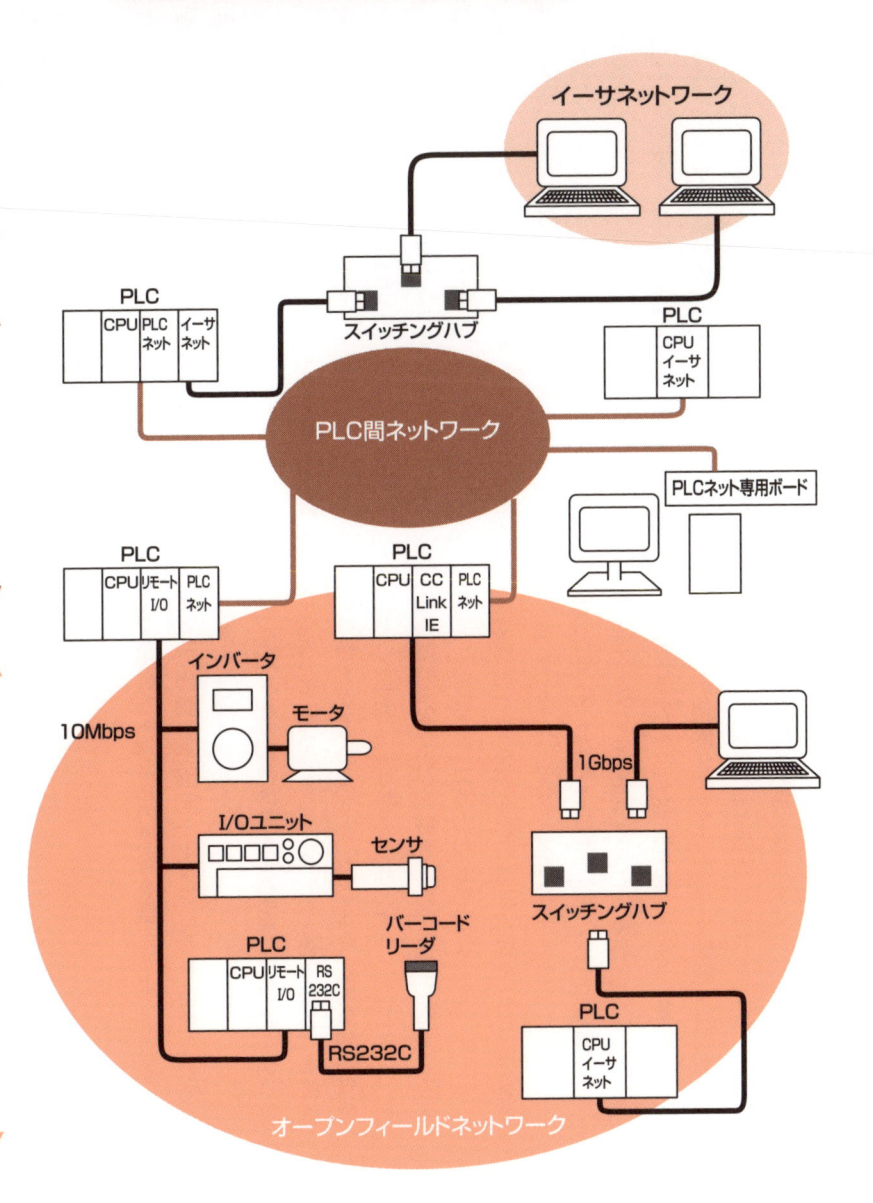

いろいろなPLCネットワーク構成

57 タッチパネルとPLC

PLCと通信して画面を直接指でタッチ操作する

PLCはタッチパネルと接続できます。タッチパネルとは銀行のATMや乗車券の自動販売機にあるような画面を直接指でタッチ操作ができる装置です。

タッチパネルのプログラム次第で、タッチパネルの画面に、スイッチやランプ、データやメッセージなどを配置してPLCと通信接続します。画面のスイッチや数値キーを操作すればその信号がPLCに送信されます。また、ラダープログラムでタッチパネルのオンオフや数値の表示などができます。

タッチパネルを使用することによって、操作パネルをソフトウェアで作ることができるので、配線の省力化、操作パネルのフレキシブル化、マニュアルの簡略化などに役立ちます。

タッチパネルに配置するスイッチやランプなどの部品は専用のソフトウェアにはじめから用意されていて、画面に張り付ける感覚で作画します。そして、部品ごとにPLCのメモリー番号を設定して、PLCのプログラムでタッチパネルの信号を扱えるようにします。パソコンで作図した画面データはUSB通信などでタッチパネルへ転送します。

タッチパネルに複数の画面を用意して画面を切り替えて使うこともできます。PLCプログラムでも画面の切り替えができるので、たとえば、異常時に異常メッセージ画面に切り替えられます。そのときに、画面操作で対応方法が記載されたマニュアル画面を表示すれば、メンテナンス性の向上を図れます。

異常履歴や生産高などの履歴も残すことができるのでタッチパネルにプリンタを接続することによって、日報の打ち出しなどを自動で行うことも可能です。画像データをタッチパネル上に表示したり、ネットワークカメラのような動画を表示して、警備状況や生産ラインの稼働状況をモニタする機能を持つものもあります。アニメーション機能を持つものは、生産状況をビジュアル的に表現できます。

要点BOX
- ●PLCとタッチパネルの接続
- ●操作パネルをソフトで製作
- ●パソコンでの作図データをタッチパネルへ転送

図1　PLCとタッチパネルの接続

PLC(三菱電機製)

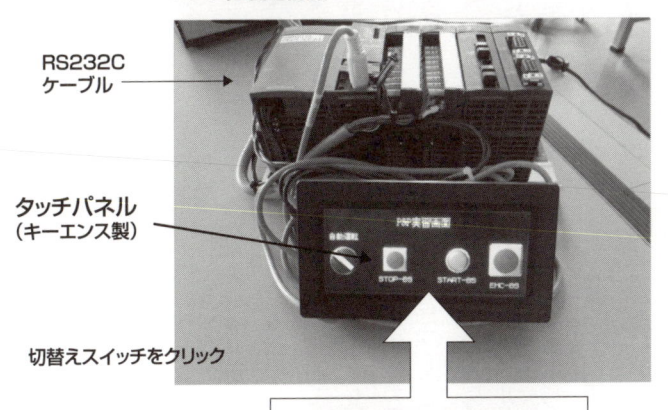

RS232C ケーブル

タッチパネル (キーエンス製)

切替えスイッチをクリック

タッチパネルの画面切替え

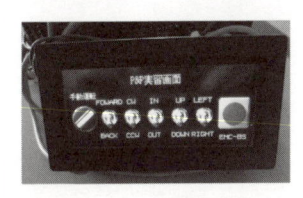

図2　タッチパネル作画ソフト

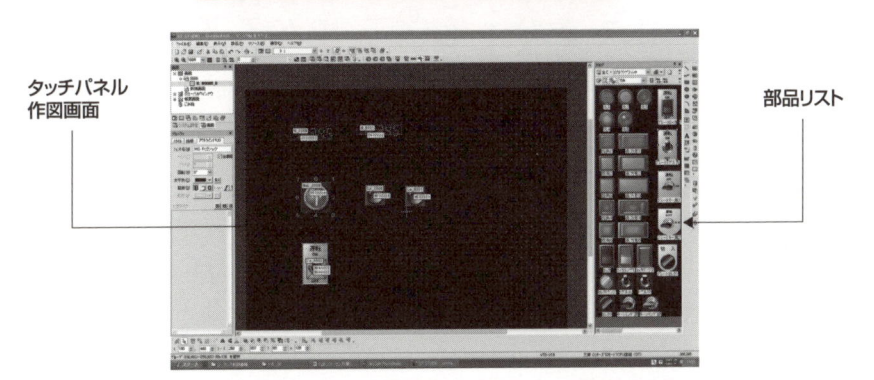

タッチパネル作図画面

部品リスト

(キーエンス製)

●第6章　PLCのデータ処理と高機能ユニット

58 タッチパネルを使ったデータの表示と入力

部品を画面に張り付けて操作パネルを作成

タッチパネルの画面はタッチパネルメーカが提供しているパソコン用のソフトウェアで作図してUSBなどの通信でタッチパネルへ転送します。スイッチ、ランプ、デジタルスイッチ、数値表示器などの部品が用意されていて、部品を画面に張付けるだけで制御に使う操作パネルを作れます。張付けた部品ごとにPLCのI/Oを割り付けておけば、タッチパネルとPLCの通信を行い、自動的に部品に対応したデータの受渡しを行います。たとえば、タッチパネル上のスイッチをPLCのX100に割りつければ、そのスイッチにタッチしたときにラダープログラムのX100の接点が切り換わることになります。あるいはタッチパネル上のランプをPLCのY20に設定すれば、PLCのY20のコイルがオンしたときにそのランプが点灯します。

数値データを入力する例として、タッチパネルで、タイマの設定時間の変更をする画面を作成する例が図1です。まずデジタルスイッチを部品一覧から選び、画面に貼り付けます。次にそのデジタルスイッチの値を入力するPLC側のデバイス名（D0）を設定します。そして、ラダープログラムで、タイマ（T0）の時間の設定値をD0にしておけばタッチパネル側からタイマ時間を設定できます。このときタイマの設定値がBCDなのかBINなのかによってタッチパネル側のデジタルスイッチもBCDかBINを選びます。

アナログセンサで入力したデータを画面に表示する例が図2です。タッチパネルの作画に画面に7セグメントLEDの部品を配置します。次にアナログセンサから入力されたデータが入っているデバイス（D1）をその部品に設定します。これだけの操作でPLCとタッチパネルが通信をして自動的にデータを数値表示してくれます。その数値が設定範囲を超えていたら、警報色に変化させて注意を促すこともできます。文字表示器や画面切替えでメッセージを出せば、異常状況を知らせることもできます。

要点BOX
- ●スイッチ、ランプなどの部品が用意されている
- ●PLCとタッチパネルが通信しデータを数値表示
- ●警報色や警報画面で注意をうながす

図1　タッチパネルからPLCにデータを入力する例

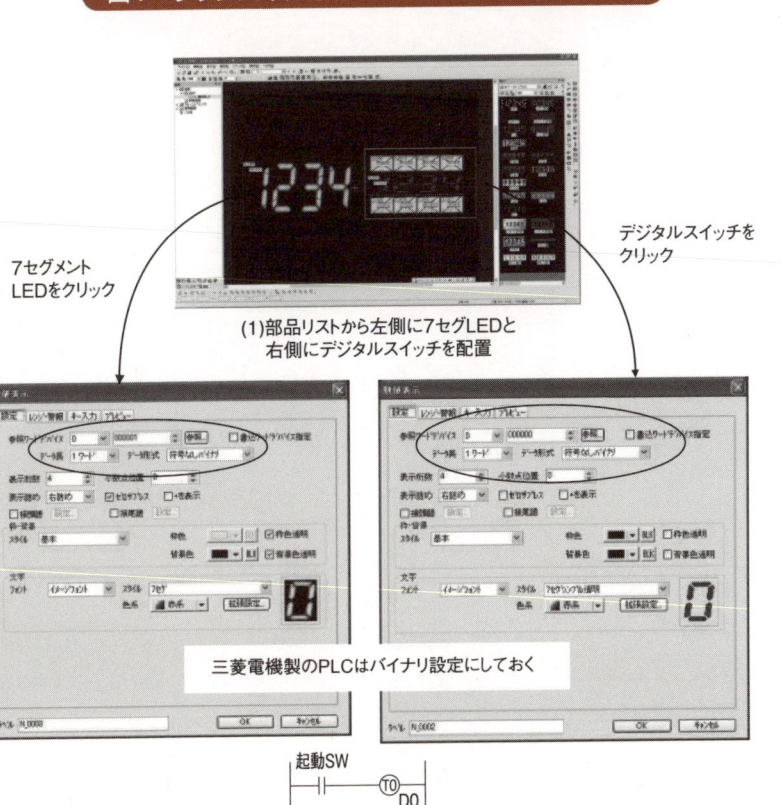

(1)部品リストから左側に7セグLEDと右側にデジタルスイッチを配置

7セグメントLEDをクリック

デジタルスイッチをクリック

三菱電機製のPLCはバイナリ設定にしておく

起動SW ─┤├─(T0 D0)

図2　アナログセンサの入力値をタッチパネルに表示する例

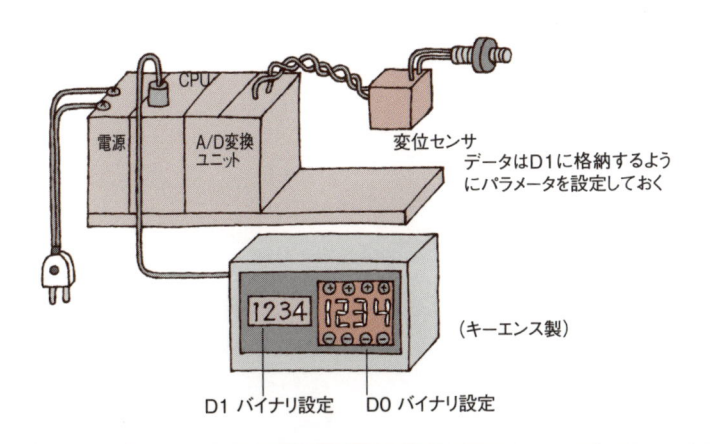

CPU / 電源 / A/D変換ユニット / 変位センサ

データはD1に格納するようにパラメータを設定しておく

（キーエンス製）

D1 バイナリ設定　　D0 バイナリ設定

Column

パソコンとの通信

PLCのデータをパソコンに取込んでデータ処理などを行うことができます。先にPLCのネットワーク機能で紹介した、PLCネットワークユニットを使う方法やオープンフィールドネットワークを使う方法も可能ですが、その場合パソコン側にそれぞれのインタフェースボードを装着する必要があります。

一般には、シリアルコミュニケーションユニットを使ったシリアル通信や、イーサネットユニットを使ったイーサネット通信がよく行われています。

パソコンでC言語やBASIC言語などを使って送受信のプログラムを作成して、PLCと通信してデータを取得したり設定したりします。身近なものとしてはExcelのVBAを使用して表計算のセルにデータを表示することも可能です。

しかしながらこのような通信プログラムを自作するのは専門の知識が必要になり、なかなか容易ではありません。

PLCのメーカーからWindows環境で通信のサポートをするソフトウェアや、Excelに直接データを表示させる専用の通信ソフトウェアなどが提供されている場合もあります。

通信ができるようになると、パソコンにPLCのデータを取り込み、それを表計算ソフトなどで処理できるようになります。

逆にパソコンからPLCに対してデータを転送したり、パソコン画面上のスイッチでPLCの動作を制御することなどもできるようになります。ちょうど、パソコンをPLCのタッチパネルのように利用することも可能になります。

シリアルコミュニケーションユニット　イーサネットユニット

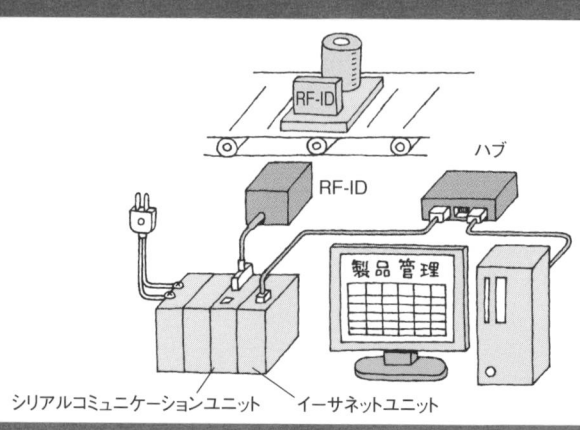

第7章

シーケンス制御の実際例

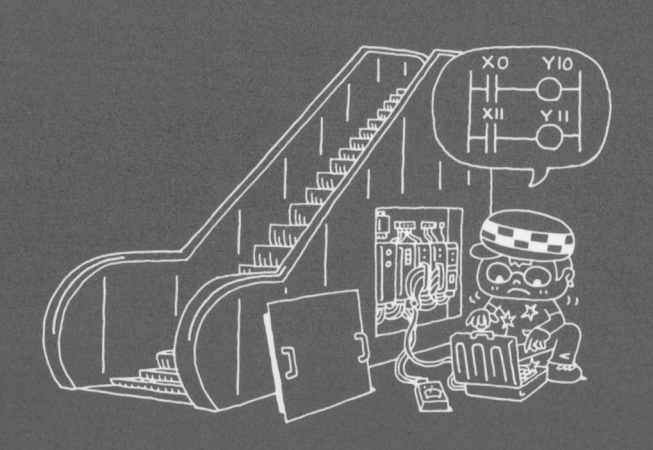

59 ソレノイドを使ったワークの自動供給装置

ソレノイドを応用したワークの自動供給装置

図1はワークの自動供給装置で、sol-aはワークを供給するシュートのシャッタの開閉に使っていて、sol-bは2個目のワークのストッパに使っています。

図2は、PLCの入力端子のX0にスイッチSW₀、X1にSW₁を配線し、出力端子のY10でR₁₀を駆動してその接点でsol-aを動作し、Y11にR₁₁を配線してその接点でsol-bを制御します。

この装置を手動操作するときの動作を考えてみます。

SW₀がオンしたら、Y10に接続しているソレノイドsol-aをオンしてシャッタを開き、先端のワークを1個シュートから落とします。SW₀をオフにしてシャッタが閉じたことを確認してからSW₁を操作して、sol-bをオンしてストッパを開いて先端に次のワークを送ります。

図3は、SW₀でシャッタを開き、SW₁でストッパを開くラダープログラムです。シャッタが開いているときに、ストッパが開かないようにお互いの出力リレーb接点を使ってインターロックをかけてあります。

図4のラダープログラムではSW₀を押すとシャッタを開きます。そのままSW₀を押し続けていると、2秒後にシャッタを閉じて4秒後にストッパを開き、6秒後にストッパを閉じる動作をします。タイマT1～T3を使って開閉の時間の管理をしています。

図5は10秒ごとに1個のワークを自動供給するラダープログラムです。

X0の押しボタンスイッチを押すとM10が自己保持になって、自動運転を開始します。

X1を押すと自己保持が解除されて自動運転が停止します。M10がオンしている間、シャッタとストッパを順番に2秒間隔で6秒間かけて開閉してワークを1個送り出します。その後、4秒間待ってから次のワークを送り出すようになっています。X1の押しボタンスイッチを押して自動運転を終了すると、サイクル停止します。この装置ではワークの有無検出センサを使っていないのでワーク切れになると空振り動作をします。

要点BOX
- ●PLCとソレノイドの接続
- ●部品供給シュートの手動操作ラダープログラム
- ●ワークを連続して供給するラダープログラム

図1 ソレノイドを使ったワークの自動供給装置

図2 PLCとの接続

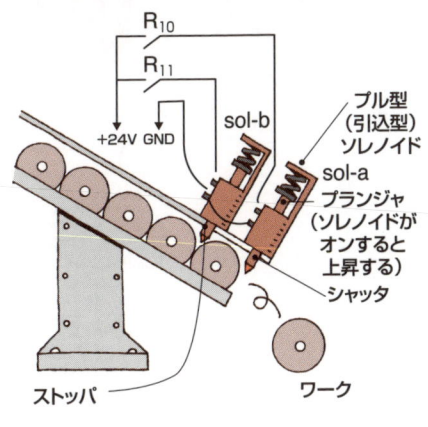

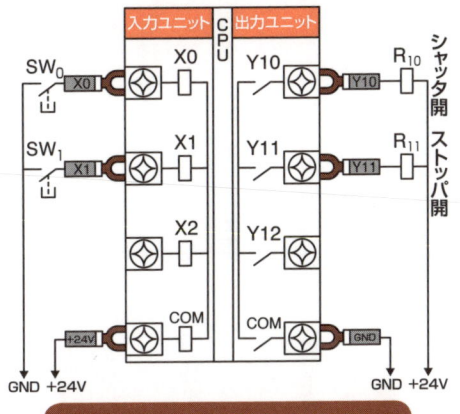

図3 自動供給装置の手動操作用ラダープログラム

（シャッタとストッパが同時に開かないようにインターロックがかかっている）

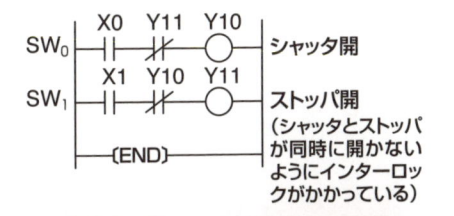

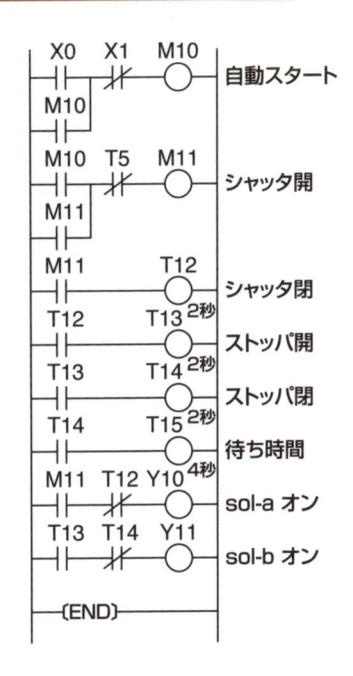

図4 SW₀を押し続けるとワークを1個供給するラダープログラム

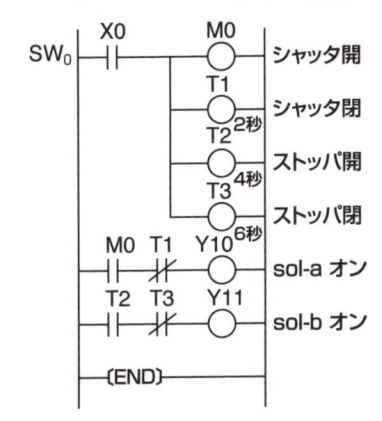

図5 ワークを10秒に1個連続して自動供給するラダープログラム

60 空気圧シリンダの往復制御

ソレノイドバルブをPLCに接続してシリンダを制御

PLCで空気圧シリンダを駆動するにはソレノイドバルブをPLCの出力ユニットで制御します。PLCの出力端子に出力を出すとソレノイドがオンして、バルブが切り替わるように配線します。ソレノイドの消費電力が大きいときには、PLCの出力端子に直接配線できないので、リレーを介して配線します。ソレノイドバルブには空気圧源と空気圧シリンダを配管します。スピード調整が必要なときには、スピードコントローラ（絞り弁）を空気圧シリンダとソレノイドバルブの間の配管に取付けます。

図1は、ソレノイドバルブをPLCの出力端子Y10に接続した例です。このように配線すると、ラダープログラムで出力リレーY10のコイルをオンするだけでピストンが前進します。シリンダの先にはドグが付いていて、リミットスイッチLS₀とLS₁を操作するようになっています。後退端を検出するLS₀は入力端子のX0に、前進端を検出するLS₁はX1に接続されています。シリンダが後退端にあるときには、LS₀のレバーが動作して入力端子X0に信号が入っています。すると入力リレーX0のa接点は閉じた状態（オン）になっています。シリンダが前進してLS₀が外れるとX0のa接点もオフ（開）に戻ります。シリンダが前進端に来てLS₁を操作するとX1のa接点がオンになります。

入力ユニットのX2には押しボタンスイッチSW₂が配線されています。SW₂を指で押すとX2のa接点は閉じます。

SW₂を押すとソレノイドに通電するのでバルブが切り替わってピストンが前進します。SW₂を操作するとY10が自己保持になって前進端まで移動します。前進端でLS₁がオンするとX1のb接点が切れるので自己保持が解除されて元に戻ります。③と④は自動で連続往復をするプログラムの例です。

X2のa接点で出力リレーY10をオンするラダープログラムが図2①です。SW₂を押すとY10が自己保持になっています。

要点BOX
- ●PLCと空気圧シリンダの配線
- ●シリンダを制御するラダープログラム例
- ●シリンダを連続往復するラダープログラム

図1　PLCによる空気圧シリンダの制御回路

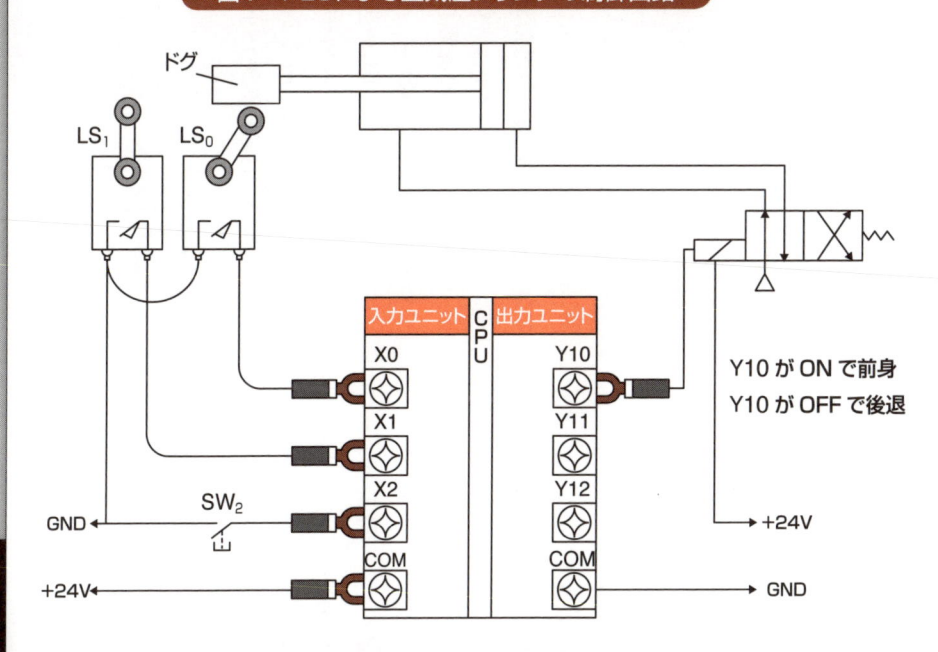

Y10 が ON で前身
Y10 が OFF で後退

図2　シリンダを制御するラダープログラム例

❶ スイッチSW_2を押している間だけ前進する

❷ スイッチSW_2を押すと前進してリミットスイッチLS_1がオンすると戻る

❸ 連続往復動作をする
（LS_0がオンしたら前進してLS_1がオンしたら後退する）

❹ SW_2を押している間だけ連続往復動作をする

61 モータを使った送りねじの往復制御

モータの動力線に流れる電流は比較的大きい場合が多いので、PLCでモータを制御するときには電磁リレーを介して制御することがよくあります。

図1はPLCの出力端子Y10に電磁リレーR_{10}を接続して、その接点で単相インダクションモータを正転方向に駆動できるように配線してあります。Y10がオンすると、モータが正転して、送りねじの移動ブロックが前進方向に移動して行き、前進端リミットスイッチLS_0がオンしてPLCの入力リレーX0がオンになります。

PLCの入力ユニットに接続したLS_0、LS_1、SW_2、SW_3のスイッチの動作は、それぞれ入力リレーのX0、X1、X2、X3の接点の動作に置き換えられます。また、プログラムの中にある出力リレーY10とY11のコイルのオンオフは、出力端子のY10とY11に接続されているリレーR_{10}とR_{11}の動作にそのまま置き換えて考えることができます。

図2の上側は、前進スタートスイッチSW_2でモータ出力を自己保持にして前進を続け、X0がオンしたところでモータ出力を切るようなラダープログラムです。

図2の下側は、後退スタートスイッチが押されてX3がオンしたらモータを逆転する出力Y11を自己保持にして移動ブロックを後退し、後退端リミットスイッチLS_1がオンしたところで停止するプログラムです。この2つの回路によって、前進スイッチで前進端まで移動し、後退スイッチで後退端に移動するようになります。

図3は押しボタンスイッチX_2を1回押すたびに1往復するプログラムです。前進端のリミットスイッチが入ると前進に移動するリレーY11を自己保持にしています。

図4はX2を押すと連続して往復運動をするプログラムです。X3で連続運転を停止します。

図5も連続で往復する制御のプログラムですが、前進端で1秒間、後退端で2秒間いったん停止するようになっています。

要点BOX
- PLCでモータを制御して送りねじを往復させる
- スイッチ操作による前進後退
- 送りねじの連続自動往復制御

送りねじの往復制御をするラダープログラム

図1 モータによる送りねじの往復制御装置

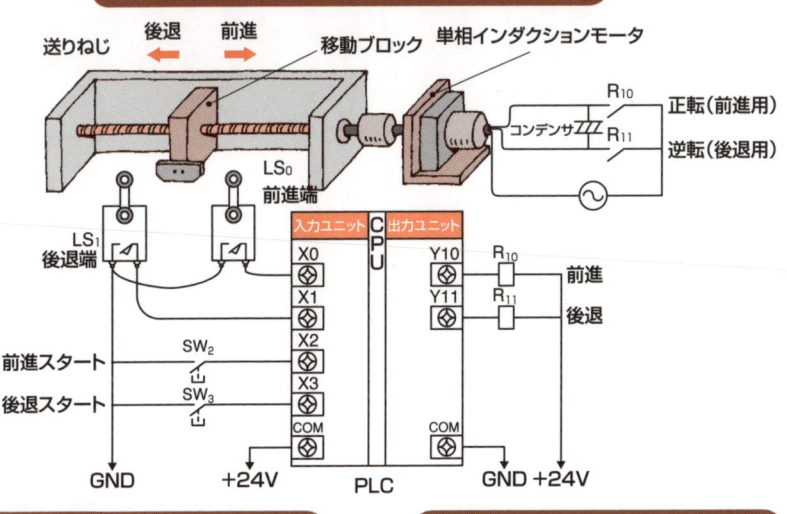

図2 スイッチによる前進／後退制御

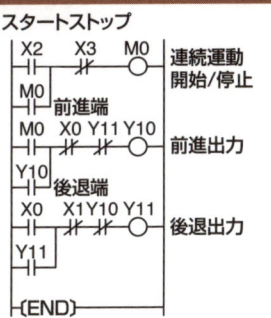

```
前進スタート  前進端
   X2         X0    Y11   Y10    前進
   ─┤├──┬──┤/├──┤/├──( )─  出力
   Y10  │
   ─┤├──┘
後退スタート  後退端
   X3         X1    Y10   Y11    後退
   ─┤├──┬──┤/├──┤/├──( )─  出力
   Y11  │
   ─┤├──┘
            （インターロック）
           ─[END]─
```

図3 スイッチによる1往復

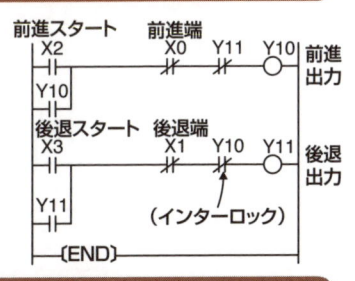

```
         前進端
前進     X2   X0    Y11   Y10   前進
スタート ─┤├──┤/├──┤/├──( )─ 出力
         Y10
         ─┤├
         後退端
         X0   X1   Y10   Y11   後退
前進端   ─┤├──┤/├──┤/├──( )─ 出力
         Y11
         ─┤├
        ─[END]─
```

図4 連続自動往復制御

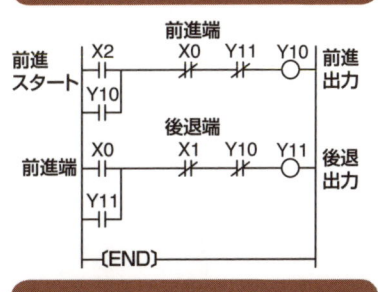

```
スタート ストップ
   X2    X3    M0   連続運動
   ─┤├──┤/├──( )─  開始/停止
   M0
   ─┤├──┘
        前進端
   M0   X0   Y11  Y10
   ─┤├──┤/├──┤/├──( )─  前進出力
   Y10  後退端
   ─┤├
   X0   X1  Y10  Y11
   ─┤├──┤/├──┤/├──( )─  後退出力
   Y11
   ─┤├
   ─[END]─
```

図5 移動端に待ち時間を付けた連続自動往復制御

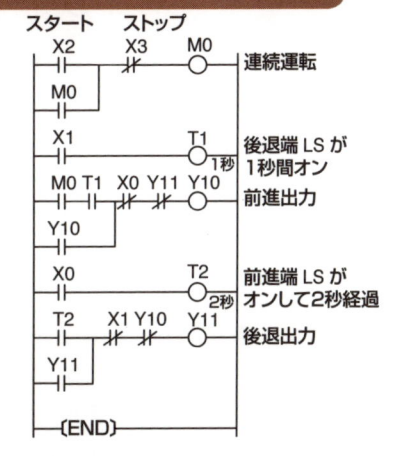

```
スタート ストップ
   X2    X3    M0   連続運転
   ─┤├──┤/├──( )─
   M0
   ─┤├

   X1          T1   後退端LSが
   ─┤├──────( )─  1秒間オン
                1秒
   M0 T1 X0 Y11 Y10
   ─┤├┤├┤/├┤/├──( )─ 前進出力
   Y10
   ─┤├

   X0          T2   前進端LSが
   ─┤├──────( )─  オンして2秒経過
                2秒
   T2 X1 Y10 Y11
   ─┤├┤/├┤/├──( )─  後退出力
   Y11
   ─┤├
   ─[END]─
```

62 ベルトコンベア上のワーク自動排出装置

ベルトコンベア上のワークをセンサで検出し自動排出

図1はベルトコンベアに乗って流れてくるワークを反射型光電センサで検出しています。空気圧シリンダで前後移動するストッパ付きのプッシャでワークを1つずつコンベアから落とします。空気圧シリンダはコンベアの手前にあるので、光電センサが反応してすぐにプッシャを前進させると空振りしてしまいます。そこで、光電センサがオンしてから1秒間経過してからプッシャを前進させるようにします。

この装置をPLCで制御してみます。PLCの入力ユニットのX0端子にスタートスイッチ、X1端子に反射型光電センサを配線します。出力ユニットのY10端子にはコンベアモータを駆動するリレーR、Y11端子には空気圧シリンダを駆動するシングルソレノイドバルブを接続します。

コンベアの制御は、スタートボタンX0を押すとコンベアのY10の出力が自己保持になって、ワークがプッシャの前に来たら自己保持を解除します。光電センサの信号X1が1秒間オンしたら自己保持を切ればいいので、タイマ(T1)を使います。そのラダープログラムが図1①です。

シリンダの制御は、ワークがプッシャの前に来たらソレノイドバルブY11を自己保持にして、前進する時間(3秒間)が経過したら自己保持を解除します。シングルソレノイドバルブなので、出力をオフにするとシリンダは元に戻ります。時間の経過をタイマ(T2)で計測すると、ラダープログラムは図1②のようになります。①と②を続けて1つのプログラムにしてPLCで実行します。

図2は光電センサの替わりに磁気近接センサを使った自動選別装置です。金属のワークに反応するのでシリンダで排出します。それ以外のものは通過します。コンベア先端にはリミットスイッチがあって通過したワークが到着したらコンベアを停止します。動作内容とプログラムの作り方を図2の下側に示します。

要点BOX
- ●コンベア上のワーク自動排出装置
- ●光電センサを使ったワーク自動選別装置
- ●金属ワーク自動選別装置

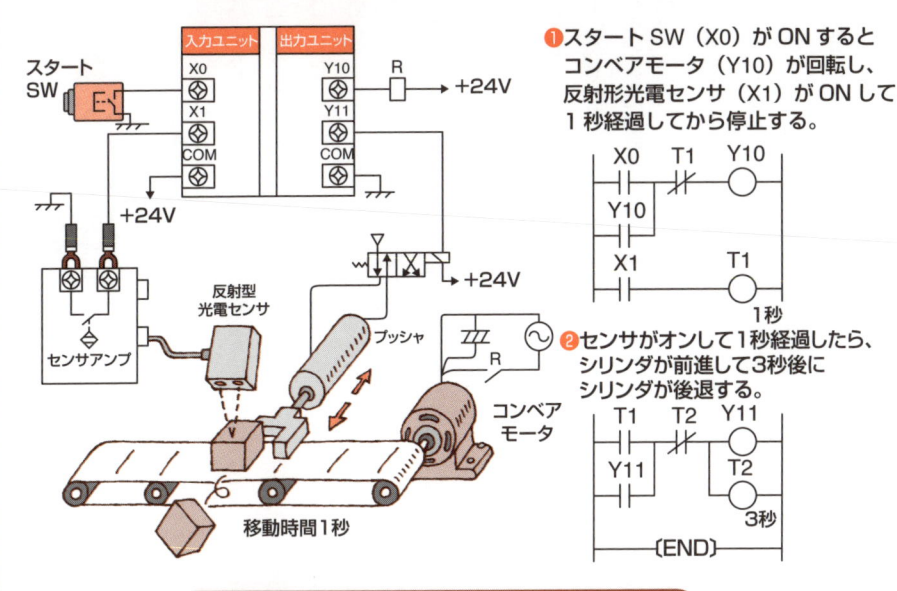

図1 コンベア上のワーク自動排出装置

❶ スタートSW（X0）がONすると
コンベアモータ（Y10）が回転し、
反射形光電センサ（X1）がONして
1秒経過してから停止する。

❷ センサがオンして1秒経過したら、
シリンダが前進して3秒後に
シリンダが後退する。

図2 ワーク自動選別装置

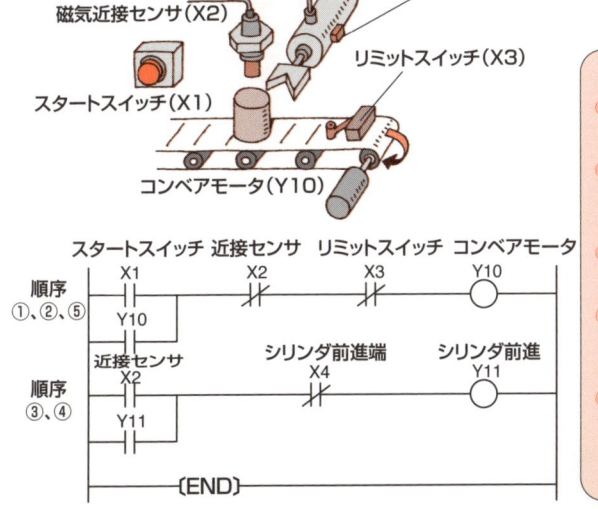

動作内容

● 動作①
スタートスイッチでベルトコンベアを始動しワークを移動させる。

● 動作②
コンベアで運ばれてきたワークが金属製であれば、近接センサが反応してコンベア停止。

● 動作③
コンベア停止後、シリンダのプッシャ機能で金属製ワークを払い出す。

● 動作④
金属製ワークを払い出した後、シリンダ前進端のリードスイッチがONするとシリンダが後退し元に戻る。

● 動作⑤
非金属性ワークは近接センサを通過し、コンベア先端のリミットスイッチがON後コンベアが停止する。

● 第7章 シーケンス制御の実際例

63 近接センサを使った検査装置

近接センサで液体の充填を検査

容器に入れた液体を検査する装置を近接センサを使って考えてみましょう。たくさんの容器を流れ作業で調べるには、ライン上に流れるパレットに容器を載せて搬送します。そしてパレットが検査位置にきたらセンサで状態を調べて検査結果を表示します。

図1はその検査装置で、容器を載せる円筒状の治具がついているパレットが図の左から右に向かって搬送されてきます。治具には前工程で、プラスチック製の容器が装着されて、その中に液体が充填されています。パレットに載せられた容器の中には液体が入っているので、こぼれないように搬送の速度や加速度の設定に注意します。

この装置で検出する不良は、パレットがきたのに容器がないという容器の装着不良と、容器があっても液体がないという液体充填不良の2つの不良です。この装置の前工程を考えると、容器の装着不良と液体の充填不良は別々の工程で行っているので、どのような不良が起こったのかを明らかにする必要があります。そのために、液体の量だけを検査するのではなく、パレットと容器を検査する別々のセンサを取り付けてあるのです。

パレットは金属なので高周波型近接センサを使います。容器はプラスチックでできているので、静電容量型近接センサを使います。液体の量が十分に入っているかを検査するのに反射タイプの超音波型近接センサを使っています。各センサは図2のようにPLCに接続します。

検査結果は、まずパレットがあるという信号（X0）がオンしていることが前提になるので、X0の a 接点と検出センサ（X1）、液体検出センサ（X2）の組み合わせで不良信号を作ります。図3のラダープログラムのように、容器装着不良信号はY10にランプ表示し、液体充填不良はY11のランプに表示します。さらに良品のときはY12のランプが点灯するようになっています。

要点BOX
- 近接センサを使った液体の検査装置
- センサとPLCの配線
- 検査結果を表示するラダープログラム

図1 近接センサを使った液体検査装置

- 静電容量型近接センサ（容器検出用）
- 超音波型近接センサ（液体検出用）
- 透明液体
- プラスチック容器
- 金属パレット
- 高周波型近接センサ（パレット検出用）

接続：
- +24V / X1 / GND（静電容量型近接センサ）
- +24V / X2 / GND（超音波型近接センサ）
- +24V / X0 / GND（高周波型近接センサ）

図2 PLC配線盤

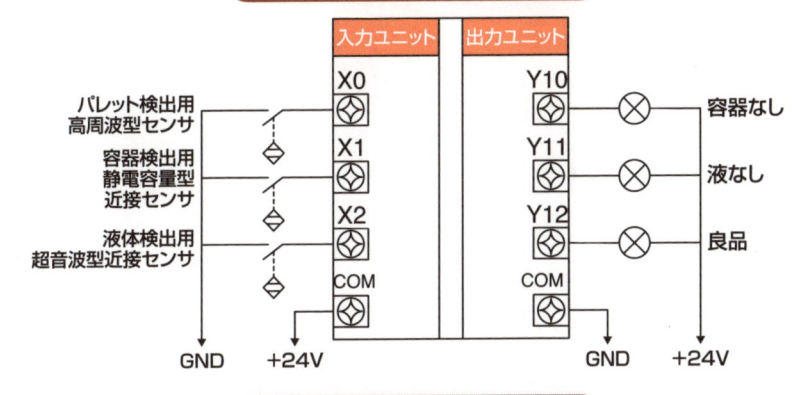

入力ユニット
- パレット検出用 高周波型センサ → X0
- 容器検出用 静電容量型近接センサ → X1
- 液体検出用 超音波型近接センサ → X2
- COM → +24V
- GND

出力ユニット
- Y10 → 容器なし
- Y11 → 液なし
- Y12 → 良品
- COM → +24V
- GND

図3 ラダープログラム

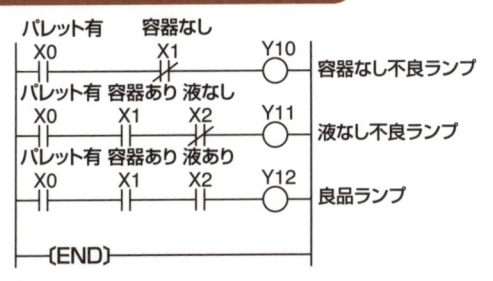

```
  パレット有  容器なし
    X0        X1              Y10
  ──┤├──────┤/├──────────────( )──── 容器なし不良ランプ

  パレット有  容器あり  液なし
    X0        X1      X2       Y11
  ──┤├──────┤├──────┤/├────────( )──── 液なし不良ランプ

  パレット有  容器あり  液あり
    X0        X1      X2       Y12
  ──┤├──────┤├──────┤├─────────( )──── 良品ランプ

                  ──[END]──
```

● 第7章　シーケンス制御の実際例

64 ピック＆プレイスの制御①

空気圧式のピック＆プレイスユニットの動作

図1は、空気圧式のピック＆プレイスユニットです。揺動型のロータリアクチュエータでピック＆プレイスユニット（P＆P）が左右の回転を行います。上下シリンダで吸引パット部分を上下させ、吸引をすることができます。すべて空気圧で動作し、制御には全てシングルソレノイドバルブを使用しています。

各ソレノイドバルブがONすると回転方向は右方向、上下方向は下方向、吸引は真空吸引を行います。シングルソレノイドなので、電磁弁がオフになることによって、各シリンダは元に戻ります。ロータリアクチュエータは左回転、上下シリンダは上方へ、真空吸引は吸引を停止して、元の原点位置に復帰します。揺動型のロータリアクチュエータ、上下シリンダには各端末にリードスイッチがついていて、左右上下端ができるようになっています。この入出力をPLCに接続して、PLCによる制御プログラムを作れば制御ができます。

まず動作として、スタートスイッチを押したら上下シリンダが下降をし、下降端のセンサが反応したらワークを吸着します。吸着後、上下シリンダを上昇させ、上昇端がオンするとロータリアクチュエータをオンして、ピック＆プレイスを右回転させ、右端がオンすると上下シリンダを下降し、下降端がオンするとワークを離すために吸引を切ります。その後、上下シリンダのソレノイドバルブをオフして上昇させ、上昇端がオンするとロータリアクチュエータのソレノイドバルブをオフしてピック＆プレイスを左回転させます。

以上の動きを図2に示します。各動作の間には1秒間のタイマを入れました。これは空気圧シリンダのリードスイッチは必ずしもシリンダの上下左右端で反応するのではなく、エンド端の手前で反応するためです。シリンダが必ずエンド端に確実に到達してから次の動作に移るように時間稼ぎをしています。タイマの設定値は動きに合わせて変更する必要があります。

要点BOX
- ●ピック＆プレイスユニットの構成
- ●ピック＆プレイスユニットの動作順序
- ●確実に動作するためのプログラム

図1　ピック&プレイスユニット(P&P)構成図

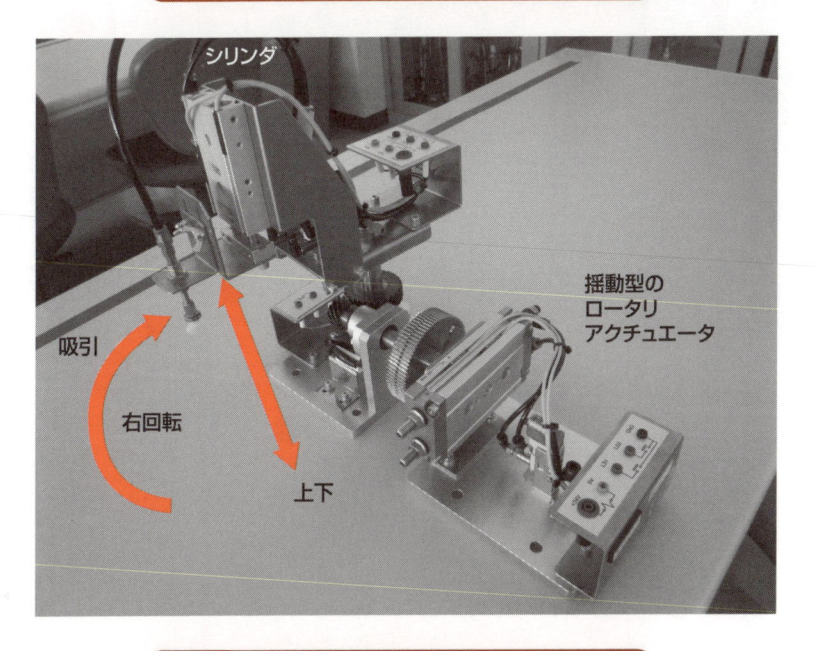

シリンダ

揺動型の
ロータリ
アクチュエータ

吸引

右回転

上下

図2　ピック&プレイスユニットの動作内容

動作内容

1. スタートスイッチがオンし、上下シリンダが下降する
2. 下降端がオン後、吸引をオンし、ワークを吸着する
3. 吸引を開始して、1秒後上下シリンダが上昇をする
4. 上昇端がオン後、P&Pが右回転をする
5. 右端がオン後、上下シリンダが下降する
6. 下降端オン後、吸引を切る
7. ワークを離した後、1秒後に上下シリンダが上昇する
8. 上昇端がオン後、P&Pが左回転をして原点に戻る

65 ピック&プレイスの制御②

ピック&プレイスのラダープログラム例

64項の図1のシステムを動かすラダープログラムを作ってみましょう。

今回は自己保持回路を利用した、状態遷移型のプログラムを作成します。動作の流れをPLC内部補助リレー（プログラム上のみで利用できるリレーで、外部と直接接続ができないリレー）を利用して作っていきます。三菱電機製のPLCを例にしてM0から内部補助リレーが割り付けられているものとします。オムロンもしくは他のメーカーのPLCの場合は、マニュアルを参考にして内部補助リレーのデバイス番号に置き換えてください。

64項の図2の動作内容の制御回路を記述していきます。スタート信号（X9）が入ったら、内部補助リレーM1を自己保持回路としてオンさせます。次に、M1がオンでかつ上下シリンダの下降端リードスイッチ（X3）がオンすると、2番目の自己保持回路（M2）をオンさせます。

次に、M2がオンでかつタイマの吸引信号（T2）がオンなら3番目の自己保持回路の吸引信号（M3）をオンします。以下図のように制御回路を書いていくと、M1が下降信号、T2が吸引信号、T3が上昇信号になります。

これらの内部リレーの接点を使って、各シリンダの出力を駆動させていきます。

また、内部補助リレーの接点で、直接各ソレノイドバルブのオンオフを行い、シリンダなどを動かしていきます。

内部補助リレーMをラッチリレーLに置き換えていくと停電保持型になります。PLCの電源供給が無くなると電源が再度供給されても内部補助リレーMはすべてオフになってしまいます。Lは停電した後にも停電前の状態を記憶しているため、どの工程まで制御が進行していたか分かります。これにより、停電後、停電前の状態から引き続き作業を進めることができるため、保守作業にも便利なプログラムの作り方です。

要点BOX
- ピック&プレイスユニットのラダープログラム
- 自己保持回路利用の順序制御プログラム
- PLCの内部補助リレーを利用

64項の図1ピック&プレイスユニットのラダープログラム

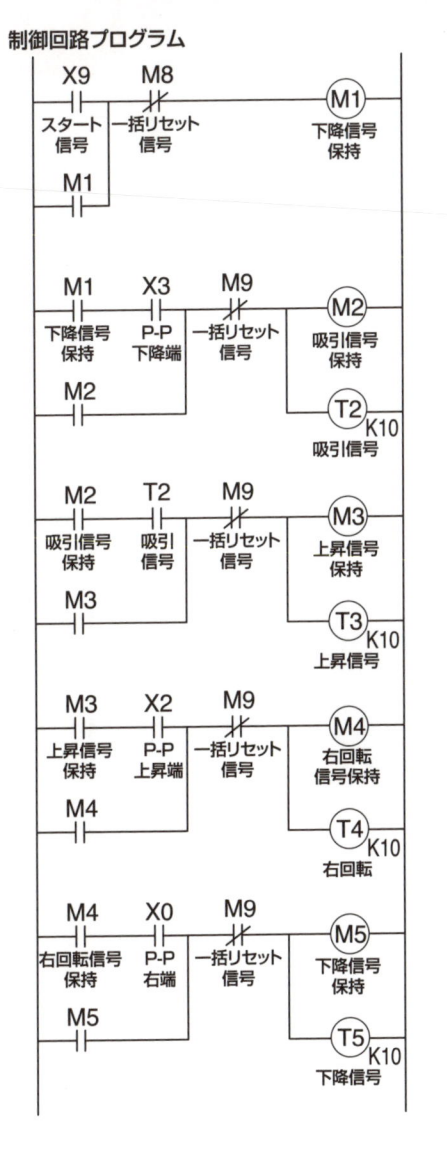

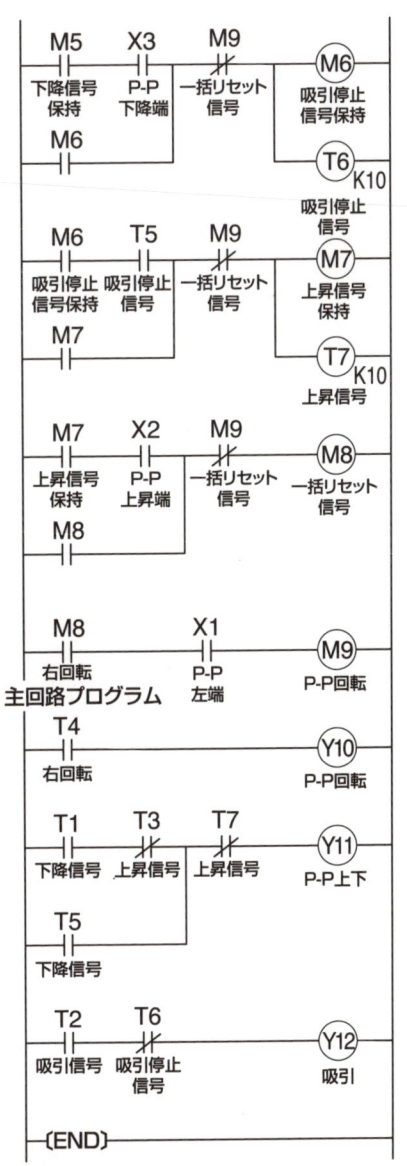

制御回路プログラム

```
  X9      M8              (M1)
──┤├─────┤/├──────────────( )
スタート  一括リセット      下降信号
信号      信号              保持
  M1
──┤├──

  M1      X3      M9      (M2)
──┤├─────┤├─────┤/├──────( )
下降信号  P-P     一括リセット 吸引信号
保持      下降端  信号      保持
  M2                      (T2)K10
──┤├──                    吸引信号

  M2      T2      M9      (M3)
──┤├─────┤├─────┤/├──────( )
吸引信号  吸引    一括リセット 上昇信号
保持      信号    信号      保持
  M3                      (T3)K10
──┤├──                    上昇信号

  M3      X2      M9      (M4)
──┤├─────┤├─────┤/├──────( )
上昇信号  P-P     一括リセット 右回転
保持      上昇端  信号      信号保持
  M4                      (T4)K10
──┤├──                    右回転

  M4      X0      M9      (M5)
──┤├─────┤├─────┤/├──────( )
右回転信号 P-P    一括リセット 下降信号
保持      右端    信号      保持
  M5                      (T5)K10
──┤├──                    下降信号
```

```
  M5      X3      M9      (M6)
──┤├─────┤├─────┤/├──────( )
下降信号  P-P     一括リセット 吸引停止
保持      下降端  信号      信号保持
  M6                      (T6)K10
──┤├──                    吸引停止
                          信号

  M6      T5      M9      (M7)
──┤├─────┤/├────┤/├──────( )
吸引停止  吸引停止 一括リセット 上昇信号
信号保持  信号    信号      保持
  M7                      (T7)K10
──┤├──                    上昇信号

  M7      X2      M9      (M8)
──┤├─────┤├─────┤/├──────( )
上昇信号  P-P     一括リセット 一括リセット
保持      上昇端  信号      信号
  M8
──┤├──

  M8      X1              (M9)
──┤├─────┤├──────────────( )
右回転    P-P              P-P回転
          左端
```

主回路プログラム

```
  T4                      (Y10)
──┤├──────────────────────( )
右回転                    P-P回転

  T1      T3      T7      (Y11)
──┤├─────┤/├─────┤/├─────( )
下降信号  上昇信号 上昇信号 P-P上下
  T5
──┤├──
下降信号

  T2      T6              (Y12)
──┤├─────┤/├──────────────( )
吸引信号  吸引停止          吸引
          信号

              ─(END)─
```

※揺動出力をY10、下降出力をY11、吸引出力をY12に持続したものとする。

66 AD変換ユニットによる圧力管理制御

AD変換ユニットで圧力変化を管理する

図1の圧力変化をPLCに取り込むプログラムを考えてみましょう。空気圧、水圧の元圧管理や油圧プレスにおけるプレス時の圧力管理などのデータ収集も同様な構成になります。センサからはアナログ出力として、1～5Vの電圧が出るとし、PLCのAD変換ユニット（三菱製Q68ADV）でのデータ収集を行います。

まず、ラダーソフトである「GX WORKS2」を使用して、AD変換ユニットの設定を行います。ラダープログラムTO命令、MOV命令などでパラメータの設定もできますが、今回は簡単に設定できるラダーソフトを利用しての取り込み設定を行います。

まず、図2のようにインテリジェント機能ユニット「Q68ADV」の登録を新規ユニットの追加で行います。次に入力電圧、平均処理、回数などのパラメータの設定を行います。今回はAD変換のポートが8ポートあるので、そのうち1ポートだけ使用するため、CH1のパラメータ設定のみを行い、CH2以降の他のポートは禁止にしておきます。使用しないポートを許可にしておくと、許可されたポートは入力電圧が無くてもすべてAD変換を行うので、1ポートあたりのAD変換の更新間隔が長くなってしまいます（図3）。

AD変換後のデータはバッファメモリに保管されますが、自動リフレッシュ設定をするとバッファメモリーからの呼び出し命令（FROM命令、MOV命令）を使用しなくても、PLCのデバイスメモリー（今回はD10に設定）に自動的にデータが入ってきます。たとえば、データを1秒ごとに取り込み、PLCのデータをパソコン（Excel）に取り込めば、圧力変化をグラフ化して、管理することも簡単にできます。

図4にラダープログラムを示します。取り込み開始信号（X0）がオン後、1秒ごとに10点（D11～D20）までのデータを格納するプログラムです。データのリセットはリセット信号（X1）でD11～D20まですべてゼロになります。

要点BOX
- ●センサとAD変換ユニットの構成
- ●GX WORKS2によるパラメータ設定
- ●測定データ取込みプログラム

図1　圧力データ管理システム

図2　インテリジェント機能ユニットの追加

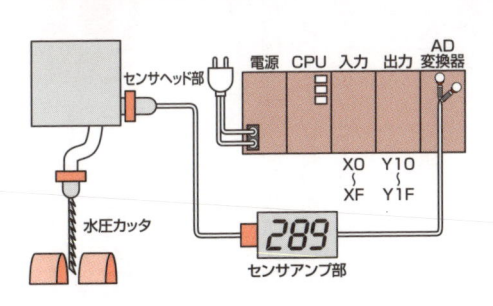

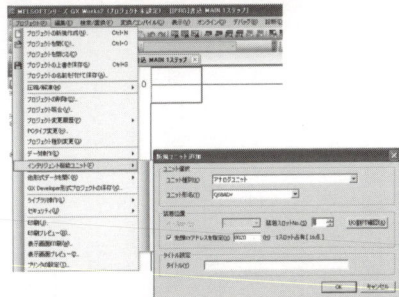

図3　スイッチ設定・パラメータ設定

図4　AD変換データ自動取込みプログラム

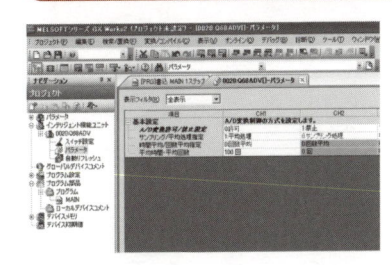

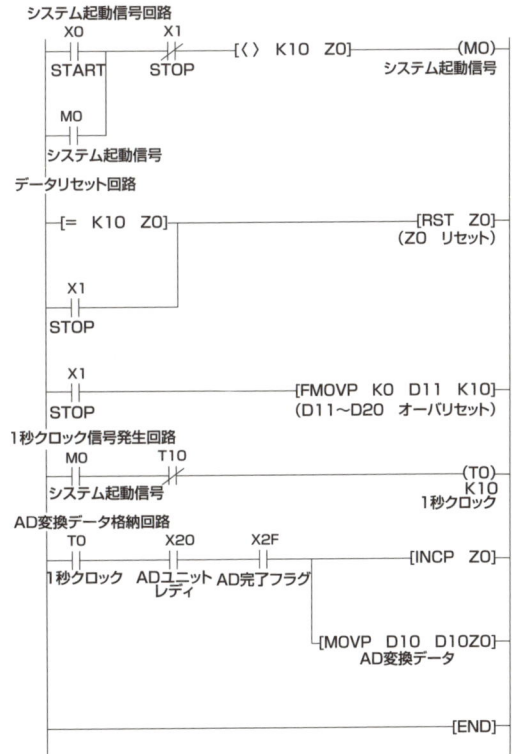

```
システム起動信号回路
      X0      X1
      ─┤├────┤/├─────[<> K10 Z0]──────(M0)─
      START   STOP                    システム起動信号
      M0
      ─┤├─
      システム起動信号

データリセット回路
      ─[= K10 Z0]─────────────────────[RST Z0]─
                                       (Z0 リセット)
      X1
      ─┤├─
      STOP

      X1
      ─┤├─────────────────[FMOVP K0 D11 K10]─
      STOP                 (D11～D20 オーバリセット)

1秒クロック信号発生回路
      M0      T10
      ─┤├────┤/├──────────────────────(T0)─
      システム起動信号                    K10
                                       1秒クロック

AD変換データ格納回路
      T0      X20     X2F
      ─┤├────┤├─────┤├────────────────[INCP Z0]─
      1秒クロック AD AD完了フラグ
              ユニット
              レディ

                              ─[MOVP D10 D10Z0]─
                                AD変換データ

                                           [END]─
```

67 サーボモータによる直道送りねじ位置決め制御

位置決めユニットを使っての位置決め制御

図1に示すような位置決めユニット（三菱製QD75P2）を使用した位置決めについて考えてみましょう。PLCの位置決めユニットのバッファメモリーに設定してある距離分のパルスをサーボドライバに設定して入力します。サーボモータはドライバからアナログ信号を得て、指令値だけの回転を行い、直道送りねじを動かします。

位置決めを行うには、GX WORKS2で基本パラメータ、原点復帰パラメータを設定する必要があります。これらはラダープログラムでも設定できますが、ソフトを利用した方が視覚的精度・作業的にも効率が良いです。

基本パラメータには電気的精度に当たる、パルスレート（1パルス当たりの移動量）や加減速時間、速度制限値などを設定します。その他、詳細パラメータ、原点復帰詳細パラメータなど、必要に応じて設定する必要があります。位置決めデータに運転パターン（連続・終了など）制御方式（直線、円弧補間など）加減速

図2のように、パラメータを設定した後は、ラダープログラムに原点復帰と位置決め起動プログラムを書きます。位置決めには起動位置決め番号をバッファメモリーにTOもしくはMOV命令で書き、起動信号をオンにして、位置決めを行うやり方と、位置決め専用命令〔ZP.PSTER1〕を使用するやり方があります。今回は専用命令を使用しての例を提示します。

図3のように、位置決めを行う際には、必ず原点復帰を行った後、位置決めを始動してください。今回は2つの位置データを入れており、1000mm/minの速度で30mm移動した後、ドウェルタイムで設定した1秒経過後、位置データ番号No2が自動起動し、同じスピードで原点に戻る位置データになっています。運転パターンが終了になっている場合、ラダーで再起動しない限り、位置決めは終了になります。

要点BOX
- ●位置決めサーボシステム構成
- ●位置データ設定
- ●原点復帰と位置決め起動プログラム

図1　直道送りねじ位置決めシステム

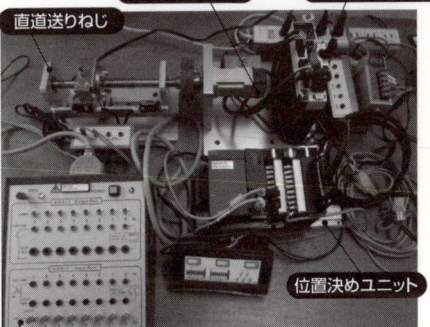

- 直道送りねじ
- サーボモータ
- サーボドライバ
- 位置決めユニット
- 入出力装置

図3　ラダープログラム

```
SM403
─┤├──────────────────────────(Y20)
RUN後1スキャンのみOFF         PLCREADY

原点復帰プログラム

  X0
─┤├──────────────────────[SET  M200]
原点復帰指令


 M200
─┤├──────────────────[MOVP K9001 D202]
                              始動番号設定

         ─[ZP.PSTRT1 "U02" D200 M202]
                              原点復帰完了

         ─────────────────[RST  M220]

位置データNO1始動プログラム

  X2
─┤├──────────────────────[SET  M220]
(位置決め始動)


 M220
─┤├──────────────────[MOVP  K1   D222]

         ─[ZP.PSTRT1 "U02" D220 M222]
                              始動完了信号

         ─────────────────[SET  M220]

                          ────[END]
```

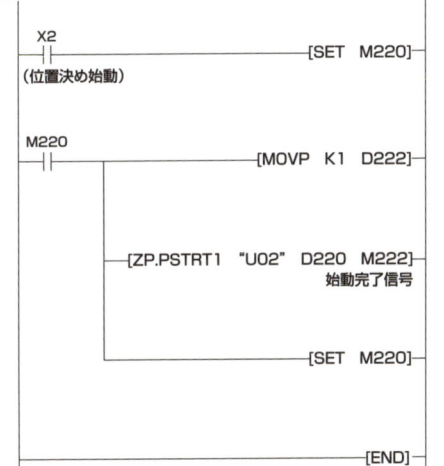

図2　位置データ設定

No	運転パターン	制御方法	加速時間No	減速時間No	位置決めアドレス	速度指令	ドウェルタイム
1	連続	ABS直線1	100	100	30000μm	1000mm/min	1000ms
2	終了	ABS直線1	100	100	0.0μm	1000mm/min	1000ms

【参考文献】

「ゼロからはじめるシーケンス制御」熊谷英樹著、日刊工業新聞社、2001年
「必携 シーケンス制御プログラム定石集」熊谷英樹著、日刊工業新聞社、2003年
「VisualBasic.NETではじめるシーケンス制御入門」熊谷英樹著、日刊工業新聞社、2005年
「シーケンス制御を活用したシステムづくり入門」熊谷英樹著、森北出版、2006年
「ゼロからはじめるシーケンスプログラム」熊谷英樹著、日刊工業新聞社、2006年
「はじめてつくるVisual C#制御プログラム」熊谷英樹著、日刊工業新聞社、2007年
「絵とき PLC制御 基礎のきそ」熊谷英樹著、日刊工業新聞社、2007年
「現場の即戦力 使いこなすシーケンス制御」熊谷英樹著、技術評論社、2009年
「新・実践自動化機構図解集」熊谷英樹著、日刊工業新聞社、2010年

ソレノイド	92
ソレノイドアクチュエータ	92
ソレノイドバルブ	98、140

た

タイマ	14
タイマリレー	48
タッチパネル	20、68
ダブルソレノイドバルブ	98
チューブマーカ	46
超音波型近接センサ	146
超音波センサ	114
直列接続	28
データメモリー	120
データレジスタ	120
デジタルスイッチ	122
デジタルパネルメータ	116
電磁リレー	36
透過型光電スイッチ	112
ドグ	32、108
特殊ユニット	124
トグルスイッチ	26

な

ニーモニックコード	74、80
入力リレー	82
熱収縮チューブ	30
ノーマルオープン	26
ノーマルクローズ	26

は

配線ダクト	46
パッケージタイプ	72
パラシュート効果	58
反射型光電センサ	112
光センサ	12
ピック&プレイスユニット	148
ビルディングブロックタイプ	72
フォトトランジスタ	112
プランジャ	92
ブレーク接点	26
プログラマブルコントローラ	66
プログラムエラーチェック機能	76
プログラム開発ソフトウェア	76
プログラムのデバッグ	76
並列接続	28
ベース装着タイプ	72
変位センサ	116
ポテンショメータ	116
ボリューム	112

ま

マイクロコンピュータ	22
マグネスケール	116
メーク接点	26
モータの正転と逆転	102

ら

ラダーエディタ	74
ラダーサポートソフトウェア	74
ラダー図	78
ラダープログラム	66、70、78
リードスイッチ	100
リミットスイッチ	32、108
リモートI/O	130
流量センサ	116
リレー	10、36
リレーコイル	40
リレー接点	40
リレーソケット	44
レバースイッチ	24
ロータリソレノイド	92
ロードセル	116
ロボット	12
論理演算	52
論理演算機能	48

わ

ワーク検出用光センサ	60
ワークの自動供給装置	138

索引

英数字

3つの制御パターン ———————————— 14
7セグメント表示器 ———————————— 18、122
A/D変換 ———————————————— 126
AND回路 ———————————————— 52
AND接続 ———————————————— 28
a接点 ————————————————— 26
b接点 ————————————————— 26
c接点 ————————————————— 26
D/A変換 ———————————————— 126
END命令 ———————————————— 78
I/O割り付け —————————————— 76
LED —————————————————— 18
NC接点 ————————————————— 26
NOT回路 ———————————————— 28、52
NO接点 ————————————————— 26
OR回路 ————————————————— 52
OR接続 ————————————————— 28
PLC —————————————————— 66
PLCネットワークユニット ——————— 130

あ

圧着工具 ———————————————— 30
圧着端子 ———————————————— 30
圧力センサ ——————————————— 114
イーサネットユニット ————————— 130
インターロック ————————————— 102
インタフェース ————————————— 38
インタフェース機能 ——————————— 48
インテリジェントユニット ——————— 124
オープンフィールドネットワーク ———— 130
押しボタンスイッチ ——————————— 18、24

か

開始条件 ———————————————— 56
解除条件 ———————————————— 56
カシメ工具 ——————————————— 44

記憶回路 ———————————————— 62
記憶機能 ———————————————— 48
近接センサ ——————————————— 114
空気圧シリンダ ————————————— 96、140
空気圧弁 ———————————————— 96
継電器 ————————————————— 50
高機能ユニット ————————————— 124
高周波型近接センサ ——————————— 146
高精度位置決め ————————————— 68

さ

サーボモータ —————————————— 128
サーミスタ ——————————————— 116
サーモスイッチ ————————————— 114
シーケンサ ——————————————— 66
シーケンス制御 ————————————— 10
時間制御 ———————————————— 14
磁気スイッチ —————————————— 114
自己保持回路 —————————————— 54
自己保持回路の生存条件 ———————— 56
出力リレー ——————————————— 82
順序制御 ———————————————— 14
条件制御 ———————————————— 14
シリアルコミュニケーションユニット — 130
シリンダ型ソレノイド —————————— 92
人感センサ ——————————————— 114
シングルソレノイドバルブ ——————— 98
信号の置換え機能 ———————————— 48
水位センサ ——————————————— 16
スイッチ ———————————————— 10
数値制御型モータ ———————————— 128
スッチングレギュレータ ———————— 30
ステッピングモータ ——————————— 128
スナップスイッチ ———————————— 44
スピードコントローラ —————————— 140
静電容量型近接センサ —————————— 146
接触センサ ——————————————— 110
接点のオンオフ信号 ——————————— 50
センサ ————————————————— 108
増幅機能 ———————————————— 38

今日からモノ知りシリーズ
トコトンやさしい
シーケンス制御の本

NDC 548

2012年7月24日 初版1刷発行
2024年8月23日 初版12刷発行

Ⓒ著者		熊谷英樹
		戸川敏寿
発行者		井水 治博
発行所		日刊工業新聞社
		東京都中央区日本橋小網町14-1
		(郵便番号103-8548)
		電話　書籍編集部　03(5644)7490
		販売・管理部　03(5644)7403
		FAX　03(5644)7400
		振替口座　00190-2-186076
		URL　https://pub.nikkan.co.jp/
		e-mail info_shuppan@nikkan.tech
企画・編集		エム編集事務所
印刷・製本		新日本印刷(株)

●DESIGN STAFF
AD────────志岐滋行
表紙イラスト─────黒崎 玄
本文イラスト─────榊原唯幸
ブック・デザイン ── 大山陽子
　　　　　　　　　(志岐デザイン事務所)

●
落丁・乱丁本はお取り替えいたします。
2012 Printed in Japan
ISBN　978-4-526-06913-0　C3034

本書の無断複写は、著作権法上の例外を除き、
禁じられています。

●定価はカバーに表示してあります

●著者略歴
熊谷英樹(くまがい　ひでき)
1981年　慶應義塾大学工学部電気工学科卒業
1983年　慶應義塾大学大学院電気工学専攻修了
　　　　住友商事株式会社入社
1988年　株式会社新興技術研究所入社
日本教育企画株式会社CEO、フレクセキュア株式会社CEO
神奈川大学非常勤講師、職業能力開発総合大学校非常勤講師、高度職業能力開発促進センター講師、山梨県産業技術短期大学校非常勤講師、自動化推進協会理事
●主な著書
『必携 シーケンス制御プログラム定石集―機構図付き』日刊工業新聞社
『新・実践自動化機構図解集―ものづくりの要素と機械システム』日刊工業新聞社
『ゼロからはじめるシーケンス制御』日刊工業新聞社
『絵とき「PLC制御」基礎のきそ』日刊工業新聞社
『使いこなすシーケンス制御 (現場の即戦力)』技術評論社
など多数。

戸川敏寿(とがわ　としひさ)
1993年　職業訓練大学校(現職業能力開発総合大学校)電気工学科卒業
1997年　関東職業能力開発促進センター電気・電子科講師
2001年　沖縄職業能力開発促進センター電気設備科講師
2008年　青森職業能力開発短期大学校制御技術科講師
現在、青森職業能力開発短期大学校制御技術科職業能力開発准教授
●主な著書
「すぐに役立つ　Visual Basicを活用した計測制御入門」共著、日刊工業新聞社

(執筆協力)
金城芳雄(きんじょう　よしお)
1987年　琉球大学工学部機械工学科卒業
1989年　九州大学大学院総合理工学研究科修了
現在、沖縄県立工業高等学校教諭
工学博士